[美]拿破仑·希尔（Napoleon Hill） 著 陈明 译

你有权富有

成功与幸福指南

中国友谊出版公司

图书在版编目（C I P）数据

你有权富有 / (美) 拿破仑 · 希尔著 ；陈明译. --
北京 ：中国友谊出版公司，2016.11（2021.3）
书名原文：Your Right to Be Rich
ISBN 978-7-5057-3904-8

Ⅰ. ①你… Ⅱ. ①拿… ②陈… Ⅲ. ①成功心理－通
俗读物 Ⅳ. ①B848.4-49

中国版本图书馆CIP数据核字(2016)第271037号

著作权合同登记号 图字：01-2016-8075

书名 你有权富有
作者 [美]拿破仑 · 希尔
译者 陈明
出版 中国友谊出版公司
发行 中国友谊出版公司
经销 新华书店
印刷 唐山富达印务有限公司
规格 880×1230毫米 32开
8.75印张 221千字
版次 2017年6月第1版
印次 2021年3月第2次印刷
书号 ISBN 978-7-5057-3904-8
定价 39.80元
地址 北京市朝阳区西坝河南里17号楼
邮编 100028
电话 （010）64678009

金钱、权力、名气、幸福，你最想要什么？
本书将为你提供最简要、最有效的个人成功指南。

你有权富有

1954 年春季，拿破仑·希尔的《你有权富有》首次以语音版本的系列演讲形式向芝加哥听众开放。承蒙拿破仑出版社提供机会，我们得以以图书的形式出版《你有权富有》，这也成了这位美国成功学大师的又一部杰出著作。

《你有权富有》能够真正地帮助你实现目标和梦想，它激发我们追求超越金钱和名望的狭隘范畴的富有，去拥有新的目标和梦想。你有权在方方面面富有——人格层面、精神领域以及物质经济方面。希尔博士发现，那些仅仅在经济方面富有的人，无论多么有钱，也是最不快乐的人。真正的富有，是在生活的每一方面都富有。

希尔博士将这种哲学理念看作是个人获取成功的技巧——成功学法则——然而你可能想知道如何靠遵循法则来获取成功，难道成功的方法是合成的、量化好的，并且不存在失败的？就像一个万无一失的实验室实验一样，希尔博士将这些技巧定义为处理归类事实的艺术。像所有科学法则一样，成功学法则的有效性仅存在于朝着某些目标努力的实践中。希尔博士如此谨慎有条理地阐述了已被证实的事实法则，如果你认真采用并且不中断的话，就会实现你所热切期望的富有。

这些著名的系列演讲，给长期致力于希尔作品学习的学生以及初学者一个独特的机遇。录音里的演讲慷慨激昂，让我们以一种全新的震撼方式感受到希尔博士卓越的哲学理念。在此系列演讲中，希尔博士给了我们十七条成功学法则，达到了他数十年学习和研究的巅峰。

作为他的学生，为了能更真切地领会到这些哲学理念，请仔细考虑希尔博士在演讲时强调的以下三点：

1. 记笔记。从现在开始，手头随时备一本笔记本，记概括性的笔记。记录下所学到的知识有助于你自觉或不自觉地加深希尔博士的哲学理念，把它们更快速有效地运用到实践中去。你可以选择写下或者录下你的想法。

2. 加进自己的想法。随着学习进度的更新，记下的内容也越来越多，你要不断地把自己想到的以及那些从新闻、杂志、广播和电视节目中得到的相关思想加进来。

3. 通过不断重复将这些思想内化。不要只过目一遍，要多次复习所学材料，注重重复有关思想和信息，越是这样做，成效就越显著。

十七条成功法则

1. 明确目标。所有的成就都开始于建立主要的目标，并制订具体的行动方案。

2. 智囊联盟。通过这个过程，你会收获更多的来自经历、培训、教育、专业知识以及他人影响的好处。

3. 运用信念。把信念转变成行动，这样灵魂的力量才会有助于你执行计划、实现目标和满足渴望。

4. 付出更多。当你做得比理应付出的服务更多更好时，回报就会加倍。

5. 个性乐观。养成精神上和身体上的个性特点，这会有助于你更好地发挥自己，从而走向成功。

6. 积极主动。积极采取行动是人生任何一个阶段必要的核心原则。

7. 心态健康。正确的态度造就正确的成功方法，凭此贯彻哲学理念。

8. 自我约束。务必管控好情绪，协调“心”与“思”的一致，达到感性与理性的平衡状态。

9. 充满热忱。个人成就感是培养自信、克服消极情绪和战胜惶恐心态的动力。

10. 专心致志。分配好精力，专注于成功。发挥好思维能力和自我暗示的力量。

11. 准确思考。把事实片段汇聚起来并权衡轻重，运用自我判断把事情想通，基于思考做出正确的决定，而不是凭借固有的观点或情感。

12. 逆境重生。反思失败的原因，把不可避免的挫败和反对转变成正效益。

13. 学会合作。把自己的努力和他人的付出结合起来实现共同的目标。把协同工作的成果和智慧运用到个人的生活和事业中。

14. 创新制胜。让你的智力工厂为你加工，打造出能表达大脑想法和心灵理想的工具。

15. 身体健康。最重要的是要有健康的身体，这才能为创造真正健康幸福的成功生活提供能量和活力，培养态度和习惯。

16. 精打细算——计划用时，合理用钱。创造并获得最大的物质资源。

17. 宇宙习惯力法则——深谙宇宙法则，建立优良习惯。理解和运用控制力的能动性和影响，以及掌控世界（包括人际关系）的自然法则。

十七条法则协同增效

每一条法则都极具价值。然而，在协同增效的哲学理念里，所有因素结合起来所产生的作用，比把单独因素发挥的作用加总要大。所以希尔博士在讨论一个单独法则的时候，总爱提及一个或更多的其他法则。他这样重复的目的是不断提醒大家，这些法则是相互关联的，每条单独法则都源于并建立在另一条法则之上。就像制作蛋糕一样，每种原料对于想要的最终效果都很关键。仅用面粉或烘培粉，抑或是起酥油或者香精来完成蛋糕的制作是不可能的，你需要食谱里的所有原料。

你会发现，希尔博士经常会用到一个很特别的字眼——转变。字典里，转变的定义是改变形状、状况、本性或者物质，使之成为另一种。无论是改变还是转化，对你理解和运用这种哲学理念都尤为关键。

转变意味着你最终掌控自己的思想和情感。如果它们是消极的，你可以把它们转变成积极的；如果它们是封闭局限的，你可以把它们转变成开放全面的。如果你曾抑制自己，现在请自我释放。你有能力转变或改变那些曾击败你的行为习惯和思维模式。

你还会发现，希尔博士还提到过九个基本动机，在其他著作中也叫作成功的基本原理。理解这些很重要，因为情感和愿望会激发所有自主行动转变为个人成就。就像构成人类品质的基石一样，动机是哲学理念的基础。它们有助你了解他人和自己，因为它们构成了我们的全部。

九大动机

1. **爱的动力**
2. **性的动力**
3. **对物质利益需要的动力**
4. **自我保护的需要**
5. **渴望身心自由的动力**
6. **渴望自我表达和被认可的动力**
7. **渴望来生的动力**
8. **复仇心理**
9. **恐惧的力量**

如你所见，以上所列九大动机，反映了人类本性中积极的力量和消极的力量。想要获得财富，我们必须要熟知这些力量并善加利用。

这些哲学法则和人性的基本动力暗示，你将会开始一段激动和鼓舞人心的旅程。在接下来的章节中，你将跟随这门哲学理论的创始人学习。他比历史上的任何其他人激励了更多的男人和女人获取成功。拿破仑·希尔，美国最伟大的百万富翁创造者，将会在这本首次出版面世的系列演讲中和你分享成功的秘密。做他前排座位上的学生，迎接改变生活的智慧，准备好终生的探险。接受你富有的权利。

编 者

CONTENTS

目录

法则 1

明确目标

我们把明确目标分解来看，确切分析一下它的含义，为什么说它是成功的起点——因为它是所有个人成就的真正起点。一个“明确的目标”必须配有一个由正确行动跟随的明确的计划，以达到目标的实现。

前提 1　一个可行的计划

你得有一个目的，一个计划，并且你得把计划付诸行动。计划完善与否并不重要，如果你发现你所制订的计划不完善也不起作用，你可以经常改动它。你可以修改计划，但是非常重要的一点是你自己要很明确。计划中不应该存在各种“假设”“或许”或者各样的“但是”。在你学完这堂课之前，你将明白为什么计划必须明确。

现在，只是为了理解这门哲学——看书或者听我讲——对你来说不会有什么价值。当你从这门哲学中开始形成自己的模式，并把它运用到日常生活、事业、职业、工作以及人际关系中的时候，价值就会体现出来。那才是利益的真正出处。

前提 2 动机决定每个行动和所有成就

第二个前提是，所有个人成就都是一个动机或者诸多动机结合的结果。我想要强调的是，在任何时候，你都没有权利请求任何人，除非给那个人一个充足的理由。顺便提一句，那就是推销术的一个好方法——给预期消费者的思想里植入一个消费动机。在你想要人们去做一些你想要他们做的事情的时候，学会给他们的思想里植入动机。有很多从未听过九项原理的人称自己为“推销员”，他们不知道自己无权要求别人购买，除非他们已经向潜在消费者植入了一个购买的动机。

前提 3 潜意识的能量

第三个前提是，任何思想上反复灌输并渴望实现的主导想法、计划或者是目标，将由大脑的潜意识部分掌控，然后通过作用于自然和逻辑的方式来发挥作用。这句话包含了心理学思想。如果你让大脑接受一种想法然后形成习惯，这样大脑会自动地依照那种想法运转，因为你已经无数次地告诉了大脑你想要什么。

“日复一日，在每一方面，我都变得更好”，这句话源于著名的法国心理学家埃米尔·库埃。这句话囊括了他的心理学法则，治愈了数千人，远多于他没治愈的。我知道你好奇这是为什么，毕竟，他的这个语句听起来没有类似渴望或是感情的东西在里面（若没有感情共鸣，就像牛儿听琴）。

关于任何话，你听或说，最重要的是你相信与否。如果你反复告诉自己，甚至是一个谎言，你都能到达相信它的程度。这听起来有趣却很真实，有很多人说善意的小谎言，最后发现自己开始相信。潜意识并不会区分对与错、积极与消极，它不理解1美分与100万美元有什么两样，也不明白成功和失败的不同。它会接受你不断重复告诉它的内容。你可以通过不断地想，不断地说，或者其他任何方式，这全取决于你。（在刚开始的时候）拟订出你的目标，把它写出来，理解并记住它，再日日重复，直到你的潜意识接受并自动地依它行事。

这会花点时间，你不能期望一夜之间清空多年来潜意识里的那些负面想法。但是你会发现，一旦你对计划注入情感，带着热忱、信念不断重复，潜意识不仅积极主动执行，而且明确无误。

前提4　信念的力量

第四个前提是，任何由信念支撑的主导渴望、计划、目标都会被大脑的潜意识接管并直接依信念发挥作用。就信念而言，我指的并不是愿望、希望，或者轻易的相信等，我指的是一种思想状态，在这种状态下，无论你做什么，在你开始做之前，你已经洞悉出它被成就的样子。这很积极，不是吗？

我可以很真诚地告诉你，在我的一生中，我从未承诺去做任何实际上没做的事情。我决心要做的事情也未曾失败过。你能够三思而后行，持之以恒，决不半途而废。

我不十分确定，但是我怀疑世界上有相对一小部分人，在任何时间都懂得信念法则——真正地理解并知道如何运用它。即使你理解它，但是如果不用行动来践行它，那还不如不知道它。信念离开行动就是停止的，缺少实践就是呆滞的；没有纯粹的积极，信念就是死亡的。你只有为信念付诸一些行动才会得到结果。

如果你反复灌输大脑你对无论什么事物的信念（甚至是你自己），你的潜意识就会接受它。假如你自己有十足的信念，你就会毫不犹豫地去做在世间想做的任何事情，你可曾想过那将会是多么美好又有益的事情吗？你知道有多少人的人生价值很低，就是因为他们没有适量的自信，更别提信念了！猜一猜百分比，大约在98%~100%之间。这个百分比率如此之高，以至于我不想猜它的精确值到底是多少。但是从我接触的数千人（不用我告诉你就知道我的听众和学生总是在普通人之上的）来判断，我想说有超过98%的人，一生中从未有过足够的自信迈出第一步去做他们想要做的事。他们被动地接受生活带给他们的一切。

大自然的工作方式奇怪吧？它给你一套工具。你需要获得的每一样东西都是你能够使用并渴望在这个世界上拥有的。它为你的所有需求提供工具。如果你接受并使用这些工具，就会得到它慷慨的奖励；如果你不接受和使用工具，就会得到它更加严厉的惩罚。大自然厌恶空虚和慵懒，它想要所有事物都行动起来，它尤其希望人脑能够运转起来。大脑与身体的其他部分没有什么区别，如果你不使用或是依赖它，它就会萎缩退化，那么最后的结果就是任何人都可以摆布你。有时在受操纵之下，你甚至都没有抵抗的意愿。

前提5　思想的力量

第五个前提是思想的力量，它是唯一每个人都能完全控制和依赖的工具。令人震惊的是，它与无穷智慧有密切的关系。在整个宇宙中仅有五个知名的事物，正是这五个事物，塑造了万物的存在状态。小到物质的电子、质子，大到游动在浩瀚苍穹的太阳系，也包括你和我。有时间、空间、能量、物质，这四个，这四个若离开第五个就没有了意义，就什么都不是了，一切都将变得混乱，你和我也不会存在。你认为它会是什么呢？是无穷智慧。

它体现在每一片草叶上，在大地生长的万物中，在所有物质的电子和质子内，在空间和时间里，在所有事物间。智慧——永远都在运行——最成功的人是那些发现了最大化运用大脑智慧的方法并付诸行动的人。智慧扩散在整个宇宙：空间、时间、物质、能量和其他的每个事物中。每个个体在选择的时候，都有权占用并最大化地使用自己的智慧。他只能通过使用而占用智慧。仅仅知道或相信它是不够的。你得用某种形式专门使用它。这堂课的责任主要是给你一个模式、一张蓝图，用你的大脑使用它。不要只是挑你喜欢的部分而忽略其他部分。全部学习过来。

前提6　与无穷智慧相连的潜意识

第六个前提是，大脑的潜意识部分似乎是个人通向无穷智慧的唯一途径。

你要非常细心地领悟上面那句话。我说它似乎是。我不知道是否如此，我怀疑你是否知道，我也怀疑是否有人确定知道。关于到底是还是不是，仁者见仁，智者见智。但是，从我自己以及通过对数千例实验的观察来看，那似乎是正确的。大脑的潜意识部分是个人通往无穷智慧的唯一通道。本主题会描述一些方法，个体能够通过这些方法影响潜意识。根本的方法是基于明确目标的信念。

你缺少本应有的足够的自信，你想过原因吗？你有沉静下来思考过这个问题吗？当一个机会或者你认为的机会向你走来时，你便开始质疑自己是否有能力抓住和利用它。经常发生这类事吗？每天都发生吗？

如果你曾经有机会近距离接触成功人士，你就会明白一件事情，就是他们不会被外物打扰。如果他们想要做某事，他们就能做。我希望你与我的朋友的接触中，知道我的一位优秀的商业伙伴 W. 克莱门特·斯通先生。如果我曾经看见过一个相信自己大脑力量并且愿意依赖大脑的人的话，这个人就是斯通先生。斯通先生没有任何忧虑。我相信他不会忍受任何忧虑之事。如果他判定出存在烦扰他的事务的话，这对他的智慧来说就是一个耻辱。原因呢？因为他确信自己有能力运用智慧来创造自己想要的环境。那就是调控和使用大脑——任何成功的大脑——当你理解了这门哲学，你就可以调控自己的大脑。你可以把你的大脑投入到每一件你选择的事物上，并且大脑不会置疑你能否做成你想要做的事——世界上也不会存在这样的置疑。

前提 7　大脑——思想的传播者

第七个前提是，每个大脑既是思想的接收器又是发射器。这就解释了要带着明确目标生活的重要性。带着目标的大脑会吸引与该目标相关的物质或材料。想一下，人的大脑是第一个无线转播台，它不仅存在于人的大脑里，也在许多动物里。我有几条波美拉尼亚狗，它们会知道我在想什么，有时还会早于我知道。它们知道我们何时会去自驾游，会不会带上它们。我不用说话——甚至一个字——因为它们能不断和我们产生共鸣。

你的大脑不断向外传送感应。如果你是一名售货员，要致电一位消费者，在你见到消费者本人之前，销售交易就应该达成。如果你要去做一件需要他人合作的事，先调控大脑到良好的状态，这样就会取得他人的合作。为什么？因为你提供的计划如此公平、诚实，有利于他，他怎么会拒绝呢？换言之，你有权与他合作。当你通过发射器发送出去的是一些积极思想而不是恐惧的思想，这对于接收者来说，会有多么大的不同！

关于这个发射器是如何工作的，这里有个非常好的解释。例如你急需 1000 美元，你去银行，因为你必须在后天拿到那些钱，否则就会有人开走你的车、搬走你的家具，或者其他东西。银行工作人员在你走进银行的那一刻，就知道你需要拿到那笔钱。有趣的是，工作人员并不想贷给你钱。实际上，这很可悲。就像你的口袋里一直带着火柴，最终发现把自家引燃时感到万分惊讶一样。你在传达你的思想，思想走在你的前面，当你达到思想所在位置的时候，你发现没有获得你所追求的合作，而是他人怀疑的反应，一种你提前传送给他们的不自信的思想状态。

在我研究这门哲学期间，我讲授推销学。教过 3 万多名销售员，现在他们中的很多人都成了人寿保险的会员，也是这个领域的百万富翁。如果这个世界上有一样东西必须要卖出去的话，那就是人寿保险。没有人曾买过人寿保险，但必须要销售出去。我教给学生的第一件事是，在他们向别人销售之前要先把东西卖给自己。如果他们不这么做，就不会做成交易。有人可能需要从他或她那里买东西，但是除非他们首先把东西卖给自己，他们才能达成销售。

每一个大脑都既是发射站，也是接收台，你调控大脑，它就会接收到别人释放出来的积极感应。这就是我想要表达的，希望你们能理解透。有无数的感应不断地被释放出来飘浮在那儿。你要训练自己的大脑去收集那些和你生命中你最想要的事物相关的感应。你要如何做呢？你把思想只专注在你最想要的事物上——你的主要的明确目标——这样，通过重复、思考和行动，大脑最终只识别和你明确目标相关的感应。多么神奇！你能够训练你的大脑，这样它就会完全拒绝和你想要的无关的其他感应了。当你能像那样控制大脑的时候，你就真正地理解了。

目标明确的益处

目标明确会有什么好处呢？首先，目标明确会主动培养自立更生的习惯，激发个人能动性和想象力，使人变得热情、自律、专注和努力。这些都是你因目标明确而培养出来的关键的成功先决条件。你要明确你想要什么，为此制订计划，经常告诉大脑要执行计划。

把无穷智慧运用到工作中

除非你是非凡之人，否则你还是要采取一些不怎么起作用的计划。当你发现自己的计划不对时，要果断放弃，采取另一个计划。坚持这样做，直到你找到有效的计划为止。请记住，在这个过程中，无穷智慧，它带着它所有的能力为你创造要比你自制的计划更好的计划。保持开明的思想，即便你采取了一个原本不是很有效的计划，依此去实现主要目标（或者一个小目标），你也完全可以摒弃这个计划，去向无穷智慧寻求指导。你可以获取那种指导。怎么做才能确定你可以获取呢？你要相信你能获取。大声喊出你相信它又不会伤害到你。我猜想上帝知道你的想法，但是我发现一旦你带着巨大热情表达自己，它就会刺激你的信念并且激发你的潜意识。

当年我写《思考致富》时，书的最初标题是《致富的十三个步骤》，出版商和我都知道那不是一个像样的书名。我们需要的是价值百万美元的标题。书已经在排版中了，出版商每天都在催我给出一个恰当的标题。我写出的标题有五六百个，但没有一个合适。一个都没有。一天，出版商打电话给我，以恫吓语气跟我说："明早我必须要收到满意的标题，如果你不能提供，我就给书起名叫作《汉堡包》。""就它吗？"我问道。他说："我们将会叫它《使用你的脑袋瓜来换取金钱》。"我说："天哪，那将会毁了我这本庄严的书，那个轻浮的标题会毁了这本书，也毁了我！""好吧，"他说，"要是明天你没想出一个更好的标题我就用那个了。"那晚，我坐在床边，和我的潜意识进行了一次交谈，我说："哥儿们，咱俩一路同行，你已经为我做了很多事，也对我做了一些事（由于我的无知）。但是，我一定要在今晚想出一个值百万美元的标题，你知道吗？"我说的声音很大，以至于楼上的邻居都过来敲门了。我没有责怪他，他以为我在和妻子吵架。我确定地告诉潜意识我想要的。我没有精确地告诉潜意识标题是什么类的，我只是说它会是一个价值百万美元的标题。在我恳求潜意识并达到那个生理时刻，知道它会创造出我所想要的，之后我就去睡觉了。如果我没有到达那个生理时刻，我仍会坐在床边，和潜意识谈话。所谓生理时刻，就是你能感觉到信念的力量接收了你所想要的，并说："好吧，现在你可以休息了，就这样。"

我去睡觉了，大概在早晨两点多的时候，我醒了，就像有人把我摇醒一样。醒来的时候，《思考致富》便出现在了我的大脑里。我高呼一声，跳到了打字机前，把它写了出来，抓起电话打给出版商。他接过电话说，“怎么了，着火了吗？”我说：“你选这个，值百万美元的标题：《思考致富》！”他立即回答，“好小子，你做到了！”我宁愿说我们做到了。那本书已经赚到了2300万美元，并且在我去世之前有可能超过1亿美元。没有上限。100万的标题已经价值翻倍了。我并不惊讶。

为什么我没有在最初就使用那个方法呢？毕竟，我知道规则。为什么我没有直接转向潜意识，而是坐在打字机前写出五六百个标题来呢？我来告诉你原因。这和你知道自己要做什么而不去做的原因一样。人对自己的冷漠无法解释。即使你知道规则之后，不到最后一分钟你都不会照做，一直像傻瓜一样无所事事。就像祈祷一样。在有紧急需要的时候，你不会从祈祷中得到结果。要在祈祷中获得结果，你必须调整大脑的状态，这样你的生命本身就是一个祈祷者。日出日落，生命的每一分钟都是一个不断的祈祷的过程。祈祷是基于对尊严的信仰——你有权调用无穷智慧去拥有世界上你需要的事物。

因此它和人的大脑有关。你要随着时间的流逝调整大脑，以便任何紧急情况出现时你都能应对自如。同样，明确的目标促使一个人预算自己的时间，为主要目标的实现努力。如果你以小时为单位，对比你每天实际工作的小时数和浪费的小时数（但是可以花在任何你想要的事物上，足够糟的也可以，你若想的话），你就会对你的生活感到震惊。我们不够有效。你只有三段时间：大约8小时用来睡眠，8小时工作，8小时做自己喜欢的事的自由时间。

你寻找机会，机会就会出现

明确的目标使人更加敏锐地识别与之相关的机会。它激发我们鼓起勇气迎接并利用这些机会。明确的目标使我们几乎在每一天都能看到机会，如果我们认可并依它行动的话，我们就会受益。不幸的是，我们有一种叫作屈服的弊病，说的是缺乏意愿、警觉，或者是当机会向我们走来时，我们缺少接受它的决心。如果你用这门哲学调控大脑，你不但会拥有机会，而且还会做得更好。比起迎接机会，你能做得更好的事是什么呢？那就是创造机会。

在进攻之前，拿破仑的一位将军告诉他，当前环境不适合进行原计划的攻击。拿破仑回应说："环境不适合？去他的，我来把它变得适合！攻击！"在商业战场上，我也还从未见过有哪位成功人士，在一些人说不能做的时候说不出击的。你在哪里就在哪里出击。当你在弯路上前行的时候，你了解不到前方的情况，直到你到达那里，你才发现路始终是迂回的。出击，不要拖延，行动！

目标激发自信

明确的目标会激发人品性里的自信。这能吸引其他人支持赞赏的注意力。你曾想过吗？整个世界都愿意看到一个挺胸阔步朝前走的人，他的气质告诉这个世界，他知道自己在做什么并以此为傲。如果你知道自己的方向并坚定地向前走，全世界都会为你让路。你甚至不用给他们示意或者跟他们叫嚷，或者是做类似的事情。你只要把思想传递出去，带着骄傲走下去，相信我，他们会站到一旁为你让路。世界就是如此。

一个知道自己要去哪里并决心到达终点的人，总会遇见愿意与他合作的人。目标明确的最大好处是它为人们充分运用信念提供方法。它使思想变得积极，使之摆脱恐惧、怀疑、气馁、犹豫和拖延的限制。

你能想象负面的和积极的思想状态同时占据着相同的位置吗？你想象不到，因为这种状态不可能存在。你知道一丝的负面思想足以毁坏祈祷者的力量吗？你知道轻微的负面思想足以毁掉你每一个计划吗？你一定要鼓足勇气，带着信念和决心，去执行明确的目标。

成功意识

明确的目标使人具有成功的意识。你理解我说的“成功意识”吗？如果刚才我要是说使人具有健康意识，你的思想就会主要考虑健康。有成功的意识，你的思想就会主要想着成功：生活中你能做的那部分，而不是不能做的部分。98%的人（之前我们谈论过的人）都是原地踏步的人，因为他们是把思想专注在“不能做的部分”的那类人。眼前的形势不管是怎样的，他们都把思想专注在不能做的部分，也就是负面的部分。

在我的有生之年，我不会忘记当年卡内基先生给我研究这门哲学的机会时的惊喜。而由于不自信，我当时给了卡内基先生我认为自己不能做的六个原因：我没有受过足够的教育；我没有钱；我没有影响力；我不知道哲学二字意味着什么。在我刚要张口对卡内基先生的赞赏表示感谢的时候，脑海中立即出现了其他两个不能做的原因。我怀疑卡内基先生是否像报道中说的一样，是一位很好的人性裁判官，因为他正在挑选我做这项工作。然而，在我的肩膀上方，有一个声音跟我说："去做，去跟他说你能做，把它说出来。"于是我说："是的，卡内基先生，我接受这个任务，把它交给我，我能完成！"他的手伸过来握住我的手说："我不仅欣赏你所说的，我还欣赏你说话的方式，那就是我所期待的。"他说我的大脑带着我能完成的信念兴奋着。我没一点有利条件给自己一个开始，除了创立这门哲学的决心。要是当时我是以轻微的声音说"卡内基先生，我会努力的"，我确定（尽管我没有问过他）他会立刻不给我机会的。那样说的话，表明我没有决心去完成。"好的，卡内基先生，你可以指望我来完成它！"尽管卡内基先生已经离我们远去，但是你可以见证他没有选错人。你明白他的打算。他发现了人脑里的某种东西，在我的大脑里，他发现了他多年来想要寻找的。他找到了。我不知道它价值多少，但我发现了它的价值，我希望你能识别它的价值。在你大脑里有同样的事物，有同样的能力知道你所想要的并且决心完成它，即便你不知道如何开始。

是什么缔造了一个伟大的人？你是怎样理解"伟大"一词的？伟大是一种你识别自己大脑力量的能力——拥有并运用它，它会造就伟大。在我写关于规律的书里边，每一个人都能够通过重复认可自己的大脑，拥有并运用它，通过这样简单的过程，使自己变成真正伟大的人。

制订明确目标的步骤

以下是关于运用目标明确法则的指导说明。请逐字阅读这些说明，不要忽略任何部分。

1. 把主要目标清楚地写出来

写出来，记住它，至少每天以祈祷的形式重复一次，或者确认一次。你会看到这样做的优势是把信念直截植入到支持你的上帝那里。经验告诉我，学生的行动中，最大的弱点就在这儿。当他们读到这里的时候，他们说："这太简单了。我已经知道了，为什么还要麻烦地写出来，有什么用呢？"如果你也是那样的态度的话，你还不如不学这堂课。你必须把它写下来，你必须有通过身体行动把思想转化成文字写在本子上的过程。你必须记住它，然后开始跟自己的潜意识对话。

你知道自己想要什么，把这个好想法告诉潜意识。如果你还记得我的价值百万美元的图书标题故事的话，你就明白，这样做对你无害。如果你让潜意识了解它的话，不会有一点坏处。从现在开始，你是老板，你将为此做一些事。如果你不知道自己要什么，你自己不明确的话，你就不能期待潜意识，或者其他什么来帮助你。大约有 98％的人不知道生命中的追求是什么，自己想要什么，结果，也就从未得到过什么。他们被动地接受生活带给他们的一切。

除了明确的主要目标，你可以有许多小的目标。你可以尽可能多地拥有小目标，只要它们是相关的或者是能促成主要目标实现的。你的一生应该致力于实现主要目标。找出自己想要的是什么。当被问及你想要什么的时候，可以像我一样谦虚，但不要过于谦虚。可以要求得到一些你有资格得到的事物。但不要忽略接下来我将要给你的指导，这些指导是关于你将会反过来为你期待的做些什么。

2. 写下一个清晰明确的计划大纲（或阶段性计划），凭此你可以实现目标

确定你打算实现目标的最长时间。详细精确地描述你打算为实现目标做些什么。计划要足以灵活，允许你产生灵感时做些改变。记住，如果你很明确自己想要什么，无穷智慧总是会提供给你比你自制的更好的计划。

你们中有人有过无法描述和解释的预感吗？你们知道什么是预感吗？它是你的潜意识努力给你的想法，即便你经常冷漠到没能让潜意识跟你聊上几分钟。我听有人说："我今天有个最愚蠢的想法。"如果你重视那个想法的话，它也许会是个价值百万的想法呢。尊重你的这些预感，因为在你身外有某些事物正在努力和你交流。我很在乎我的预感，它们不断地向我走来。我发现这些预感总是和我大脑想着的事情相关，和我想要做的事相关，和我从事的事相关。

写出一个清晰明确的计划大纲或阶段性计划，并确定好你打算实现计划的最长时间。时限非常重要。不要把明确的目标写成"我想成为全世界最出色的销售员"或者"我要成为我们组织里最好的员工"或者"我想赚很多钱"，那并不明确。在你的生活中，无论你考虑的主要目标是什么，把它很清楚地写出来并且规划好时间。"我打算在几年之内实现某某目标"，把某某目标是什么描述出来。在接下来的几段里，写"我想为我想要的事物做这样那样的事情"。把它描述出来。

说到时间规划，大自然对万物都有时令。如果你是农民，想播种小麦，你准备好土地。每年在适当的季节播种，又在适当的季节收割。

你注意过此事上的时间规划吗？在你播小麦之前，你必须等大自然完成它要做的部分。如果你首先完成了你的部分，无穷智慧（或是上帝，或者你想用的无论什么称呼）就会完成它要完成的部分。除非你知道你的主要目标是什么并且为其规划时间，否则无穷智慧不会指引你去你想要到达的地方。假如你仅带着平庸的能力开始，说想要在未来的30年内成为百万富翁，这是很荒谬的。你务必把主要目标限定在合理的思考范围内，是你能力所及的，也是你应得的。

3. 保护主要目标不外泄

在智囊一课里，你将会进一步接受关于这一主题的指导。这里有一个你不能向其他人揭示你的主要目标的重要原因。有很多闲散好奇的人看似站在旁边，当你走过的时候，尤其是当你昂首向前，看起来比他们要实现得更多的时候，他们就会伸出脚绊你。他们这么做的原因就是要让你倒下。他们会蓄意破坏，就像朝你的机器里扔一个扳手，企图进入你的齿轮箱一样。他们要减缓你的前进速度，因为他们怀有人类嫉妒的本性。因此，表达明确目标的唯一途径是行动——是在实现之后而不是之前。在你实现之后把它说出来，让它为自己说话。能经受住夸赞的唯一方式是行动而不是讲话。如果行动已经开始了，你不需要再多说，因为行动已为自己发声。

4. 计划具有灵活性

不要认定你做出来的计划就是完美的，仅仅是因为你把它做出来。那样的话，你就犯了一个错误。给计划留有灵活变动的空间，给它一个好的测试，如果它没能有效地发挥作用，做一些更改。

5. 利用你的思想意识

尽可能有实效地把主要目标引入你的思想意识里。吃饭睡觉时想着它，无论走到哪里都想着它，潜意识能因此受到影响。在你睡觉的时候，它为了实现你的目标而工作。你的意识是非常小气的，它在大脑里站岗守卫，除了你担心和热衷的事情，它不想让任何东西通过（到达你的潜意识）。

6. 加进热情

总体来说，如果你想把一个想法植入大脑，你必须带着足够坚定的信念和十足的热情。你坚定、热情，意识就会让路，让你的想法进入潜意识。

7. 运用重复

重复是很神奇的。你一遍又一遍地说一件事，意识听你频繁地说，它最终就会感到疲乏。它说："好吧，如果你继续重复的话，我不能再忍受你没完没了唠叨下去了。走进去，进入潜意识里吧。"那就是意识运行的方式。意识是一种矛盾性的事物。你知道它学习了多少无用的东西吗？你知道它储存了多少不工作的和错误的东西吗？它积累了大量你不需要的垃圾：旧线绳、马蹄铁，像守财奴积累的钉子一样。它积累了一大堆这类东西，散放得到处都是，这些就是喂养你潜意识的那类"食品"。

8. 让潜意识工作起来

每晚睡觉前，应该给你的潜意识一些指令：你想要做的是什么。也许你的指令是治愈你的身体，因为身体每一天都需要修复。在躺下睡觉的时候，你的指令将会使你的潜意识和无穷智慧合作，来修复每一个细胞和组织。到了清晨，它将给你一个调整好的完美的身体，在这个身体里，思想就会工作了。不要不给潜意识指令就睡，养成告诉它你想要什么的习惯。如果你长期坚持，它就会相信并给你想要的。因此，关于你想要什么，你最好要谨慎思考，如果你持续要，你就会获得它。

我好奇，如果你此刻明白了你多年来一直要的，你是否会感到惊讶，你一直在要。也许是疏忽怠慢，你不想要的每一个东西，你也一直在要。也许你没有告诉过潜意识你真正想要的是什么，它才储存了一堆你不想要的东西。它就是以那种方式工作的。

9. 你的人生目标

明确的主要目标的要素很多，但最重要的，它应该能够代表你人生的最大目标——一个你最渴望实现的目标，一个你愿意把它的实现当作里程碑的目标，那才应该是你的主要目标。我不是在谈论你的小目标，我谈论的是你主要的、总体的目标——人生目标。朋友们，请相信我，如果你没有一个总的人生目标的话，你就是在浪费美好生命。除非你有真正的追求，生命中有目的地，除非你借着这个星球上的机会做一些事情，否则生活的代价不值得你付出。我想象着，一种神奇的力量把你送到这个星球上来，给你配备了一个能够使你掌管宿命的大脑。如果你没有使用大脑的思想，你的生命很大程度上就是被浪费了……从那个把你送到这里的神奇力量的角度来看。

10. 利用思想的力量

占有你的思想，目标高一些。不要认为你过去没能实现的在未来就不能实现。不要以过去来衡量未来。如果这样想，你就沉沦了。新的一天到来了，你是重生的。你正在启用一个新的模式。你是在一个全新的世界里，你是一个全新的人。我的意思是，你们中的每一个人都可以重生——思想上、生理上，也可以是精神上。你应该为实现新的目标，实现新的自我力量，和实现作为人类一员的新的自尊而重生。如果你问我人类最大的罪过是什么，我打赌你一定会对我的回答感到惊讶。你的答案会是什么呢？我认为人类最大的罪过是忽略运用自己最伟大的财产——因为如果你运用了那项最伟大的财产，你将会拥有任何你想要的事物，并且是充分地拥有。注意，我没有说你会拥有所有合理范围内的事物。我是说你会拥有任何你想要的并且是充分地拥有。我没有加任何修饰词在那。你是唯一可以把限定词放在那的人，说的是你想要的。你是唯一可以为自己构建限定的人。除非你让别人做，否则没有人能为你做这件事。

11. 让目标生长

你的主要目标，或者是它的一部分，应该始终保持着快你几步。它应该是你带着希望寻找的东西。在你追赶上你的大目标时，你打算要做些什么呢？当然了，追赶上另一个目标。你通过追赶上第一个目标，理解了自己能实现大目标。所以当你挑选下一个目标时，你会制订一个比第一个目标更大的目标。如果你的目标是获取财富，不要在第一年设定得太高，在合理范围内，制订一个12个月的计划，观察实现它的难易程度。然后第二年，双倍增长目标高度。一个人制订的目标应该比本人多往前跳几步。为什么？为什么不允许一个明天就能追赶上的目标呢？很明显，如果你那样做，你的大目标还不够大，不是吗？

在追求一个更大的目标的过程中将充满乐趣，追求是了不起的。获取成功之后，或者在你追赶上你的目标之后，除非你环顾四周又开始有新的追求，否则就没有乐趣了。当你没有明确的目标要去追求的时候，生活也就少了乐趣。人的最大的快乐之一就是在未来实现大目标的希望。实际上让人感到遗憾的是，有人在实现了一个目标之后，便不再有想要做的任何事了。这样的人是痛苦的。因此你要保持活跃，坚持做一些事，保持工作的状态，在你前方一直都有目标存在。

一个人的大目标是（大体是这样）由一天天、一月月、一年年的进步实现的。它的实现是终生快乐的努力过程。它应该与一个人的职业、事业相协调。一个人每天的工作应该能使他更接近大目标的实现。我对那些仅为了能有饭吃、有衣穿、有房住而日复一日工作的人感到遗憾。我对每一个设定的目标仅仅是为了生存的人感到遗憾。我不能想象在这堂演讲课上的人对能够生存便感到满足的情形。你要生存，也要富足，包括金钱。

一个大目标可以由许多不同的小目标组成，就像在讲台上写下要点一样：第一个目标是什么，第二个目标是什么。

和谐的关系

确保把和谐的婚姻关系包含在你的大目标中。还有比这重要的吗？你知道有哪种人类关系比夫妻关系更重要吗？当然了，没有。所有人都没有。你听说过不和谐的夫妻关系吗？我知道你听说过。

不合群也是件不愉快的事情。你能够拥有和谐的关系，为此首先应该运用你的智囊关系。你的丈夫或妻子应该是你的第一个智囊同盟者。你回家后再向她或他求爱，那同样很棒。我想不起来在我做过的事情中有哪件事比求爱更享受。那是美妙的经历。回去再次向她或他求爱吧。

如果你没有与同事或者事业伙伴和谐相处，回去重新在新的基础上把自己投入到工作或者事业中。你会对你那么做的结果感到惊讶。坦白是了不起的事。大多人都因承认自己的弱点而感到自豪。通过坦白把自己的弱点从你的个人系统中剥离出来是件好事。承认你并不完美，或接近完美，但不是绝对完美。你每天都和形形色色的人接触，重新致力于建设每天都接触的人际关系，你能行，我知道你可以。大多人际关系不和谐的原因都是因为忽略。也许你已经忽略了建立你的人际关系，但是如果你想改变的话，你是可以改变的。

你的明确的主要目标的一部分应该是对收入和支出的预算——现在开始去为自己的年老和你爱的人的安全等做积累。

写下对生活的计划，包括小目标下面的和你的大目标相关的事情；包括朝着大目标一步步迈进的过程中需要获得的事物。为所有关系的和谐做一个明确的计划，尤其是家庭关系，那是你可以工作和消遣的地方。与一个人的大目标联系最大的是人际关系，因为目标的实现很大部分是凭借与他人的合作。如果你不培养人，了解人，包容他们的弱点，你怎么会获取与他们的和谐关系呢？你有哪位朋友是很感激你努力地改造他，或者改变他对某些事情的看法的？你没有这样的朋友。但是，假如你能为朋友做一件确定的事情——那可能是你培养和谐关系的一个有效的方法。

告诉一个人他错在哪里的可能结果就是，他在去参加业务活动的路上，在拐角处看到你正朝他的方向走来，他会避开你站到马路的另一边。在人际关系里你能发展一种极好的关系，但是你不能通过批评或者唠叨别人的错误来获取那种关系，因为所有人都会犯错误。你可以去做一件更好的事情，去谈论一个人的优点和他的好的品质。我还没见过连一个优点都没有的人。如果你把注意力专注在这个人好的品质上，这个人就会愿意和你接触并努力不让你失望。

一个人不应该犹豫去选择一个他眼下可能达不到的目标。这会使一个人获得更多的生活中的目标。当我选择我的明确的大目标时（研究成功学和把个人成功的实用性哲学传授给世人），它当时也超出了我的能力范围。

我花费了20年的时间来研究成功学，没有薪水，那么动力是什么？我熟悉的大部分人都在批评我的时候，我依然能保持奋进的原因是什么？因为我有十足的信念。好像我早就知道我会完成卡内基先生交给我的任务似的，我要行动起来，不辜负信念。很多时候我的朋友和亲戚说的关于我的话听起来好似完全对的。在一定程度上是对的。我在浪费时间。从他们的角度和他们的标准来看，我在浪费我20年的时光。但是，从我20年的工作已经并将会使数百万人获益的角度来看，我没有浪费时间。你没有失败，除非你认为自己会失败。如果你在我身边待得足够久的话，你会知道你不会失败。

大自然有目标地工作

大自然是目标法则运用的最好证明。大自然对明确目标法则有着一系列的运用。如果在宇宙中存在什么明确不变的事物的话，那就是自然法则。这些法则不变化也不消退。你不能围着它转，也不能避免它们，但是你能学习它们的本质，你可以调节自己适应它们并从中获益。没有人听说过引力法则有过甚至是一秒钟的延缓。整个宇宙（也许宇宙的整个系统），大自然是如此的明确以至于万物都像时钟一样精准地移动。如果你想要一个这方面的例子，你只需要对科学做一个粗略的了解，去理解自然是如何工作的。这就是你要的例子：宇宙的条理性，所有自然法则的相关性，星球间保持的相对静止的关系。天文学家坐在那里，用一支笔和几页纸，就预测出数百年后的星球之间的准确关系是很了不起的。如果没有明确的目标或者计划的话，他们就不能做到了。作为个体的人，我们要知道和我们相关的目标是什么。那就是我正在教授给你的。这是我从生活中，从他人和我个人的经验中学到的一点东西。这样你就能学会如何调节自己去适应自然法则，为的是你可以运用这些法则，避免你在使用自然法则的时候，因自己的无知而受虐。

我能想到的最糟糕的事情是自然法则停止运行。设想那种混乱场景：所有星球都挤在一块转。如果自然允许它的法则停止运行，那氢弹看起来就像鞭炮一样。但是它不会那样做。自然有明确的法则，如果你检查这十七条法则，你将会发现它们完美地与自然法则相一致。当你理解付出更多法则的时候，你会发现自然很深刻地在运用这个法则。它为了确保鱼种永存，它制造出充足的鱼来喂养蛇和短吻鳄以及其他的捕食者；它为了确保树种永存，它生产出更多树木来应对风暴、雷雨的灾害。它迫使人多付出一些，否则将会毁灭。大自然也会为人类的智慧做出补偿。一个人在土地里播种一颗麦粒，大自然会在下个季节补偿给他 500 粒粮食。

如果你做了自己该做的，大自然就会做它该做的。关于大自然的一个神奇的事情是，如果你把思想专注在生活的积极面，它就会变得比负面更强大，总是如此。如果你把思想专注在积极面上，它就会变得比所有可能会渗入到你思想里影响你的生活的负面思想都要强大。四处看看你就会发现鲜明的实例——你想与之竞争的人和你不想与之竞争的人。你会看到失败的人而且你也会告诉他们失败的原因。我敢说，从这次开始，你可以用这个哲学道理作为一个测量的刻尺：无论你在哪里发现了成功或者失败，你都能准确地指出原因所在！

法则 2

智囊联盟

你有权富有的第二个法则是智囊联盟。它是整个哲学的中心。这个法则由至少两个智囊共同为一个明确目标的实现完美地协调在一起发挥作用。根据希尔博士的理念，在任何职业里，没有一个人能够在没有运用这个法则的情况下获得杰出成就的。这是因为没有人是完美的。每一个大脑都需要和其他的大脑接触才能变强，由此创造出来的成就才真正令人振奋。

前提 1　智慧碰撞联合创新

第一个前提说的智囊联盟法则是一种媒介，通过它，一个人可以充分获取经验、培训、教育和特殊的知识以及他人的影响的好处。无论你多么缺乏教育或者影响，你总是可以从他人那里获得。帮助和知识的交换是世界上最伟大的交换之一。从事金钱交换的事业来赚钱是很好的事情，但是我更喜欢与人交换思想。给我一个我之前没有的思想，反过来我又从这个思想中学到了更多的知识和见解，乐此不疲。

托马斯·阿瓦斯·爱迪生大概是世界上最伟大的发明家了。他一直和自然科学打交道，然而他根本不知道自然科学。除非一个人接受到了相关领域的教育，否则他能在所从事的事业上取得成功看起来是不可能的。第一次和安德鲁·卡内基先生谈话，他跟我说，他本人并不了解钢铁制造和钢铁市场。他的这番话让我很震惊，我说："卡内基先生，那可能不是你的专长。那么你的专长是什么呢？"他说："我的工作专长是让我的智囊团成员间保持一种和谐的气氛。"我又问："那就是你要做的全部工作吗？"他回答说："在生活中，你尝试过一次用 3 分钟时间让随便的两个人对任何一件事达成一致意见吗？找一天尝试一下，看一看那是一个什么样的工作，能让人们以和谐的精神状态共同工作。它是人类最伟大的成就之一。"然后卡内基先生详细地阐述了他的智囊联盟。向我描述了其中的每一个人及其在团队中发挥的作用。他说到了他的一位法律专家、一位首席化学家、一位首席金融员工，等等。他的团队人数超过 20，成员的背景涵盖教育以及和那个时期关于钢铁制造和钢铁市场的所有经验和知识。卡内基先生说他没有必要什么都了解，因为在他身边拥有确实了解钢铁行业的人，他的任务是把这些人完美地协调在一起工作。

前提 2　目标一致创造能量

第二个前提证明，在一个由两个或两个以上的人组成的智囊联盟里，如果他们能为实现一个共同目标而和谐工作，那么会刺激每个个体思想上升到一个新高度，也会更受鼓舞。这为一种叫作信念的思想状态做了准备。也许你要去某个地方，驾驶一辆电动车，当你踏出第一步时，没有任何变化。有人每天早晨起床做的事情都是一样的。没有任何变化，除了他们感觉很糟。他们不愿意穿鞋，不愿意穿衣服，甚至不想吃饭。他们需要什么呢？他们需要给生活充电，变得精神振作。当然了，他们得需要有这样做的资源。如果一个人早晨起床后，他能和他的妻子说几句话，而妻子若善于沟通的话，她会帮助丈夫振作精神，当晚丈夫带着在外面获得的兔毛回到家，变化就发生了。

前提 3　忠诚建立信心

第三个前提说的是，智囊联盟成员的忠诚有利于促进每一个成员的热情、个人能动性、想象力和勇气，提高到一种远远超过在缺乏忠诚时的个人状态的程度。

最初，我的智囊联盟里有三位成员：卡内基先生、继母、我自己。我们三个人在研究这门哲学的过程中，经历了被他人嘲笑的时期。他人嘲笑我的原因是，我给世界上最富有的人服务长达 20 年，没有得到任何的资金回报。他们的取笑很有道理，因为在那个时期，我没有从中获得多少补偿——至少从金钱的角度看。在我实现目标能够反过来笑那些嘲笑我的人之前，整个过程就是一部血泪史。尽管如此，我、继母还有卡内基先生，我们三人的联盟关系使我能够经受住那些来自亲戚朋友和知道我所从事工作的人的冷嘲热讽。

如果你超越平庸，你就会遭遇反对。你会遇见指责你嘲笑你的人。其中很多还是和你关系密切的人，包括亲属。你需要求助于能够支持你的人，在他们那里振作精神，能够在遇到困难时继续前行，不去理会一些人的批评。

我经历的批评就像鸭子背后滑落的水，或者更像犀牛身上滑落的子弹。我对所有形式的批评有了完全的免疫，不管是友好的还是恶意的。批评是怎样的对我来说没有什么影响，我就是对批评免疫。如果不是我与继母和卡内基先生的关系，就不会有我的今天，我就不会站在这里与你们谈话，你们也不会作为这门哲学的学生坐在这里，这门哲学也不会传播到世界各地——帮助数百万的人。我曾有无数次机会退出，每次机会看起来都很诱人，有时候我不退出，看起来反倒是很愚蠢的。

我经常回去看卡内基先生，总是会跑到我继母那里，我们坐下来聊一聊，她就会说："你会杰出，站在巅峰，我知道你会的。"在一段时间里，我穷到没有两个 5 分钱的硬币放在一块摩擦（至少那是反对我的人说我的话）。继母对我说："你会成为希尔家族最富有的成员之一。我相信会的，因为我在未来里看到了那个场景。"好吧，如果你把我的财产都拿出来放到一起，我推测它会比所有亲属三代人的财产总和都要多。我的继母过去预看到了。她能看到我所做的，知道我必定会富有。我指的并不只是经济上的富有，我指的是那些更高层次、更广泛意义的富有，它使你为如此多的人服务。

前提 4　行动力量协调一致

一个有效的智囊联盟的第四个前提是，它必须活跃。不要只是形成一个效忠团队，就说："就是它了。我和这个人、那个人，和其他人有着共同的目标，我们就是一个智囊联盟了。"那样会一无所成，直到你变得活跃。成员们必须追求一个明确的目标，他们必须和谐地前进。

你知道完美和谐与一般和谐的区别吗？你们中的多少人曾有过与其他人的和谐关系？我想我已经有了与很多人的和谐的关系了，比当今的任何一个人都要多。然而，关系中的完美和谐在这个世界上是很少见的。和我有完美和谐关系的人，屈指可数。我讲过熟识一词，实际上这种说法是非常礼貌的。我熟识的人很多，但那不是一种完美的和谐。我和很多人联合工作，但那不是完美和谐。

完美和谐仅在以下条件成立时存在，就是你与他人的关系是，如果他想要你所拥有的每一样东西，你都愿意给他。能做到那种程度需要高度的无私。卡内基先生多次强调了这种完美和谐关系的重要性。他说如果你在一个智囊联盟里没有完美的和谐关系，那根本就不是一个智囊联盟。那就只是一个合作或协调努力的团体。没有和谐的因素，这个联盟可能就是一个普通的合作或协调努力的团体。智囊联盟使一个人可以充分地接近其他成员的精神力量。我希望你在笔记的这一部分画线。

智囊联盟使一个人能够充分地接近联盟里其他成员的精神力量。我不是在谈论思想力量或者金融力量，而是精神力量。我指的是那种你在开始时在你的联盟关系中建立的永久性的感觉，它将会是你一生中最杰出、最愉快的经验之一。当你参与到智囊联盟活动中，我想告诉你，你有如此坚定的信念，你知道你能够做任何你着手做的事。你没有怀疑，没有畏惧，没有限制。它是思想存在的一种神奇状态。

前提 5　总和比其部分伟大

所有基于平庸之上的任何种类的成功，都是通过智囊联盟法则实现的，而不是由一个人单独努力达到的。想象一下，要是没有他人的合作，你能完成的事情是多么少。假设你是一名牙医，或者一名律师、医生，或者任何行业的从业者。假设你不知道如何把你的客户或者患者转变成为你招揽生意的人。想象一下需要多久才能建立一个客户关系或者一个跟随关系。一名杰出的职业人知道如何把他服务过的每一个人变成为他招揽生意的人。他们通过多做一些事来实现，打破固有的模式，做些不平常的服务——他们能把客户变成推销员。大多的成功都是充足的个人力量使一个人超越平庸的结果。这在不利用智囊联盟法则的情况下是不可能的。

在富兰克林·德拉诺·罗斯福总统的第一任期期间，我有特权出入白宫，作为私人秘书与他一起工作。是我拟订了宣传计划的框架，把词组“商业萧条”从报纸的大标题中拿掉了，而用“商业复苏”取代。你们中可能有人会记得在黑色星期日发生了什么，那时我们在白宫开会，银行在第二天周一早晨就关闭了。记得当时国家是多么溃散吗？在全国各地银行门前，人们排着长队取出存款。人们非常害怕，对国家、银行、自己，对任何人都失去了信心。我相信他们仍然对上帝有些信心，但是他们也没有表现得多么明显。那是一个惊慌时期。

我们坐在那里，制订了一个计划框架，就是开始最大化地运用智囊联盟法则。我怀疑地球上是否会有国家能与之相媲美。几周的时间，我们就消除了国民的恐惧。就是几周的时间，而在它之前，途中的推销员耗完了资金又得不到补充，只得无奈地苦笑，虽然没有任何的恐惧。我自己的资金也被冻结了。我必须告诉你一些有趣的事情。当我知道即将发生什么事情的时候，我变得思维敏捷，我跑去银行，取了1000美元。倒不如只有10美分。它甚至都不如5分镍币。我并没有害怕，因为我和其他每一个人面临的情形都是一样的。

但是必须要为此做些事了。富兰克林·德拉诺·罗斯福是一位伟大的领导者。他有超凡的想象力和勇气。如下是我们做的。

首先，我们使参众两院相互协调为总统工作。这是美国历史上首次国会两院、民主党和共和党，忘记了他们的政治信仰，共同支持总统。换言之，这里没有民主党人也没有共和党人，这里只有支持总统的美国人，满足总统需要的每一样需求来制止恐惧蔓延。有生之年我还没见过有哪件事情比得上它。我不希望再看见它。我希望我可以再看见那种合作的精神，但是我不想为了它再经历另一场萧条。

其次，美国报业发表了我们发给它的每一条消息，并且是用很大的版面。电台不顾他们的政治信仰，给了我们很大帮助。所有的教会宗派展示了我在20世纪见过的最美好的事情之一。天主教、犹太教和外邦人以及所有其他人，都以美国人的身份团结在一起。那是一个很壮观的场景！那是多么了不起的事情，每个人都支持总统，每一个人都为这个国家和她的人民能重新建立信仰做着贡献。

在那些忙乱的日子里，我不知道是否有人心存疑虑。我接触过的人，没有谁不相信罗斯福先生是唯一一位最好的、可以处理混乱状况的人。不要误解我的意思。礼貌地说，我只是在谈论一位在事情需要被处理的时候而做了一件伟大事情的人。罗斯福总统能够完成，是因为他拥有一支不可战胜的智囊联盟。

我们来看一下你们所拥有的不同种类的智囊联盟。首先，有一些联盟，纯粹是出于社会或个人原因，由亲属、朋友和宗教顾问组成，在这样的联盟里，不涉及物质利益纠纷。这类联盟里，最重要的是丈夫和妻子的联盟。我怎么强调立即致力于婚姻的智囊联盟的重要性都不为过。它将会给你的生活增添很多不曾预想的乐趣；它会给你的生命带来从未预想的健康。当丈夫和妻子之间存在一种真正意义的联盟时，我不知道还有什么事情能够比它美好。

然后，有为了商业或职业的提升而形成的智囊联盟。它是由物质和金融属性相联系的个人组成的智囊联盟。我想出于经济或金融提升的目的，你们大多数人会形成你们的第一个智囊联盟。当然了，那完全合法。那是你学习这门哲学的原因之一。如果你想改善自己的经济和金融条件，你应该马上为那个目标形成一个智囊联盟。如果你能和一个人开始，没关系，就和这个人开始。然后，四处巡看，直到你们两个人选择其他人。当你选择第三个成员时，确保他和你已经形成的联盟相一致。这是非常重要的。当你打算选择第四个的时候，你们三个人将会审核第四个人，并在确定他或她能否成为联盟中的一员之前，周密地核查。当你选择第五个的时候，你们四个人将会挑选第五个。在智囊联盟里，不存在一个人处于主导地位，除了从特定的某一方面来看，某个人可能会更擅长一些。他是协调者和领导者，但绝对不能主导他所在的联盟。在你开始主导任何人的那一刻，你就会发现抵制和反叛，即使不是公开的。**智囊联盟里必须有一种持续的完美和谐精神，所有成员的行动就像是受一个大脑控制一样。**

美国的自由企业体系是另一个运用智囊联盟法则的有效例子。这个体系令全世界的人羡慕，因为它把美国人民的生活水平提升到一个前所未有的高度。尽管完美的和谐是原因，但美国的自由企业体系存在着鼓舞每一个体尽自己最好的能力的激励机制。

越来越多的工业和企业家逐渐意识到他们能够更好提升产业发展水平，不是仅仅靠管理者与工人之间一致努力，他们可以运用智囊联盟法则分享管理、分享利益——分享任何东西。受我影响而采取该法则的企业，都比之前取得了更好的效益，员工有了更高的薪水，每个人都很幸福。

关于形成并维持智囊联盟的一些指导

1. 采取明确的目标。把一个明确的目标作为联盟要获取的目标。

2. 选择成员。找到个体成员，他们的教育、经验和影响力是实现目标的最大价值所在。学生经常问我，对智囊联盟来说，什么样的成员最受欢迎？你是如何为你的联盟选择正确类型的人的呢？我能给出的最贴切的回答是，这个过程就跟你开创一个企业时选择员工一样。你会选择什么类型的员工呢？

可靠性是最重要的。如果一个人不可靠，不管有多么聪明，有多么好的教育背景，我都不想让他参与公司的业务。实际上，如果一个人不可靠的话，他的教育程度越高，他就越危险。如果他不忠诚的话，我也会说一样的话。如果个体对于他应该忠诚的人不**忠诚**的话，那么对于我来说，无论他是谁，他都没什么特色，我都不想让他成为参与者。**工作能力**是第三步。除非我发现一个人是可靠的，是忠诚的，我才会对他的能力感兴趣。第四步是**积极的思想态度**。一个负面的人围在你身边能有什么好处呢？第五个将会是什么呢？**多付出一些**，那是正确的。第六，你会说那是什么呢？**运用信念。**

你若发现具有这六个特点的人，那你就已经找到了。如果你只是运营一个花生摊或者两个，你可能仅需要一个人，但是如果你想运营连锁的花生店，你可能需要 100 人。

你的智囊联盟团队的**六项资质：可靠性、忠诚、能力、积极的思想态度、多付出的意愿和运用信念。**这些是你的智囊联盟成员应有的资质。任何一项都不可或缺。如果你发现一个人具有其中的五项资质，并不是六项，当你开始之前，就要小心他。因为这六项对于智囊联盟关系来说，都是关键的，因此要仔细检查，看是否都具有。除非你与具有这六项资质的人合作，否则你不会有一个和谐的关系。像很多人一样，你可能有一个工作计划，但是这个工作计划不会具有智囊联盟的所有潜在价值。

3. 形成动机和报偿。

对于在联盟里的每一个人，他反过来获取什么是合适的呢？记住，没有人会无故付出。你说当你给某人爱的时候，你不会从中获取任何报偿。但是你从中获取了大量的报偿。爱是一个伟大的特权，即便爱没有得到形式上的回报，你已然从爱的思想状态中获益。没有毫无目的而存在的事物。没有人不为任何形式的报偿而工作。

有很多不同形式的报偿。你的智囊联盟伙伴要是不能分享同等的利益，你就不要期待他们会参与进来帮助你发财或者帮你做什么事情。那就是标准。每个个体必须和你一样获益，无论是金钱利益、幸福利益、平静心态的利益和社会利益，还是任何可以发生的利益。除非你能给人足够动机，否则从来不要让任何人去做任何事。

如果我去银行想借 1 万美元，那么银行借钱给我的足够动机是什么呢？动机中有两个是渴望金融收益。如果我能给银行提供三样东西，银行就会愿意借给我足够多的钱。他们想要信用度、安全性担保和贷款利息。那就是银行运转的目的。

有其他的不是基于金钱动机的交易。例如，当一位男士选择一位女士结婚的时候，他的动机是什么呢？有些时候，夸张地说，是爱，对。我打赌，关于这个话题，坐在这里的每个人，都有各自不同的看法。如果女士接受了，她的原因是什么呢？

我父亲把我的继母带回家的时候，他还是个农民。他从未有过一件白色衬衫和一条领带。他不愿有，他害怕白色衬衫和领带。他穿蓝色的棉质衬衫。我的继母读过大学，她受过很好的教育，是位知识分子。他们就像南北两极一样不同，我一生都在怀疑父亲是如何把自己推销给继母的。当然，继母把父亲收拾得很干净，并给他戴上白色领带，使他看起来像模像样。然而这样做并没有花继母多少时间。继母终于使父亲赚到钱并成为杰出人士。我记得父亲过去的样子，还有他过去是如何谈吐的。他乱用女王的英语，竟是说些带有语法错误的话，诸如此类的事情。因此我问继母："我父亲到底是靠什么把自己推销给你的呢？"她说："我告诉你。首先，我识别出他的血管里有好的血液。第二，他有潜能，我相信我能把它激发出来。"她确实把它激发出来了。

亨利·福特夫人和托马斯·爱迪生夫人是我曾一次次展示女人使丈夫成功时举的两个最好的例子。要不是亨利·福特夫人理解智囊联盟法则（虽然她当时没有这么叫它）的话，福特先生就不会被众人所知，他也不会制造出福特汽车来。是福特夫人而不是福特，使福特先生持续前进，使他保持清醒的状态，使他在遇到困难时对自己充满信心。人们批评过他，说他设计出来的发明物只是用来吓唬马。记得我也被这样批评过，被说成像傻瓜一样浪费自己的时间，和世界上最富有的人在一起而无所作为。福特夫人支持丈夫渡过了困难时期。在坐的各位的生命中都会经历那样的时期。在某一时期，会举步维艰。

一个女人要嫁给一个男人，常常是因为她看到男人的潜能，她预见到她能够和男人一起去实现一些目标，她能够激发出男人的潜能。有时考虑的是金钱利益，有时是爱，有时是这件事情，有时是那件事情。然而，任何时候，从事任何业务，都会有动机在支撑着，你可能很确定这点。你想让谁去做什么，找出正确的动机，在恰当的环境下，把动机植入到他或她的思想里，你便会成为推销大师。

建立一个明确的计划，通过这个计划，联盟里的每个成员都会为实现联盟的共同目标而做出贡献。安排一个明确的时间和地点进行集体讨论。不确定的态度会导致失败。保持联盟成员有规律的交流方式。你曾经听说过伟大的友谊，或者你曾经和某人有过深厚的友谊，突然间变得陌生最后消亡了吗？当然了，我们中的大多数人都有过那种经历，你知道原因吗？答案是忽略。如果你有关系亲密的好朋友，唯一能使友谊保持下去的方法就是时常联系，即便只是偶尔寄出一张明信片。

1928 年在纽约，我的班级里有一位学员。她从未错过在我生日来临时，给我寄送祝福卡片。一次，我的生日当天，她出差在外，直到下午 3 点左右她发来电报祝贺我的生日。换句话说，她是在我的全国数千位学生中和我保持联系最频繁的一位。作为她给我的关注最密切的结果，我也多次在她的事业上帮助她。上一次，我帮助她获得薪酬提升，达到了一年 4000 美元。保持联系对于事业来说是很少的一部分支出。与你的联盟成员保持联系，你要有规律的见面地点，你得保持他们活跃。如果你不这样做，他们就会变得疏远，变得冷漠，最后他们对你来说就没有价值了。

法则 3

运用信念

你有权富有的第三条法则是运用信念。它与明确目标法则、智囊联盟法则，是十七条法则中的三大法则。

这条法则并没有充满宗教信条或者名义。顾名思义，信念意味着一种活跃的思想状态，里面有一种与宇宙永恒力量相关联的思想。信念是人们感受到围绕在身边的力量。人们努力使生活与感受到的力量和谐一致。在最后的分析里，信念是个人思想的活动，它发现自己，并与宇宙思想、神的思想，或者上帝的思想力量建立联系。希尔博士把这种力量当作无穷智慧、所有生命能量的来源，以及我们居住的宇宙的力量。

运用一词，意味着行动。这是一个积极的法则而不是消极的法则，指的是信念被运用到生命中明确的主要目标的实现上。运用信念，才能实现结果。

如果你有一个明确的目标，很清楚自己想要什么，拥有一个智囊联盟可以帮助你， 然后你有充足的信念来保持前行，那大概就是你需要的全部了。

你会想为什么我们需要另外的十四条法则呢？我们需要另外的十四条法则来使我们更好地利用前三条法则。你需要积极主动，需要想象力，需要热情，换言之，这门哲学就像烘焙一块蛋糕一样。当你制作一块蛋糕时，你不能只放入一种原料。你放入一点这个，放一点那个，再放入少许其他原料，然后把它放到烤箱里去烤。如果你拿走这些成分中的任何一样，结果你就不会得到满意的蛋糕。这门哲学的道理也是一样。你不能忽略十七条法则中的任何一条。它就像拿走了一条锁链中的一个链环后，你就不再拥有一条锁链了，你有一条锁链的两个部分，而不是一整条锁链。其他的十四条法则支持着这三条法则。

信念是一种称作灵魂的主要源泉的思想状态，通过它，一个人的目标、渴望、计划能够转化成物质财富。这些是信念的基础，但是运用信念，我谈论的不仅是信念。运用一词是什么意思呢？是行动。它是信念的行动部分。没有行动，信念就是一个白日梦。有很多人相信一些事，但是不去做，他们只是在做白日梦。运用信念才是一种积极的信念。

信念和成功的前三个法则

1. 明确的目标。目标由个人能动性和行动支持。意味着不断地行动，这不仅是你要做的，也是与你合作或者与你联盟的人要做的。

2. 积极的思想态度。一种积极的思想，从所有的负面事物中解放出来是必要的，例如恐惧、嫉妒、仇恨、偏见、贪婪。思想态度决定信念的有效性。当你祈祷时你的思想状态将会决定祈祷的结果。没有关于它的第二种方法。你可以自己去测试发现。

我确信你和我有过相同的经历，祈祷之后除了不好的结果没有任何的回报。你试想过别人有过不一样的经历吗？当你祈祷的时候，除非你绝对地相信，你能获取你想要的事物，在你真正得到之前你就已经预见到它的结果，否则你的祈祷效果将是负面的。

3. 智囊联盟。智囊联盟汇聚一个或更多因有信念而焕发勇气的人，他们在为一个特定的目标努力的过程中，自身的精神追求也得到满足。

运用信念的要素

1. 每一个逆境都蕴藏着对等利益的种子；暂时的挫折不是失败，除非它被接受成失败。你知道大多数人运用信念失败的地方在哪里吗？就是他们一遇到挫折，就把挫折看成是他们无力去改变只能接受的失败，而不是去寻找挫折中的对应的利益。他们变得喜怒无常，抑郁沉思，气馁，自卑。相反，有些人可以逆转，他们把暂时的挫败当作一个起点，从此开始新的努力。

我说的每一个逆境都蕴藏着对等利益的种子，每一次挫折都有相应的利益，这句话对你来说没有任何意义，除非我运用了这句话，并在解释之后给出你案例。如果你在自己的经历里检验足够多的事例，你将会看到它经常是那样运行的。那就是为什么我想让你认真审视你遇见的困境。

你知道你的困境常常会是你最大的福祉吗？你知道我生命中最

大的福祉是什么吗？是我痛失我的母亲。通常来看，对于一个9岁的孩子来说，最大的灾难莫过于失去母亲。为什么我会把它说成是最大的福祉呢？因为它把我的新妈妈带给了我，替代了我的生母。继母对我所实现的每件事和我将会实现的事都有贡献。没有她的影响，我仍会是那个打响尾蛇、喝烈酒和为世仇打架的人。我的亲属也仍然会对我做着一样的事，因此，要是没有继母，就没有理由期待我不会是那样。我还经历了很多其他的挫折，我想告诉你，要是没有我经历过的大约20个大的挫折，我就不会有能力去追求这门哲学的完善性——在每一个逆境中都蕴藏着利益。

对于一个父亲来说，他的儿子天生没有耳朵，并且会终生聋哑，你能想象有比这更糟的困境吗？我时常感激自己与无穷智慧接触，给我失聪的儿子提供了一套听觉系统，使得他能获得正常听觉的65%的能力，并最终给了他全部的现代听觉帮助。他学会了过正常的生活，我充分展示了我运用信念的完整经验。我并不是学来的，而是最先获得的。

我从不认为那个孩子是个苦恼，在我看见他之前没有，看见他之后也没有。我从不那样认为。他的亲属认为他是个苦恼，他们想把他送到特殊学校，想让他在那里学习手语和唇语。我甚至不想让他知道那里的样子。当他成长到足以上学的年龄时，每一年我都会和学校的权威人士打上一架，就像时钟那样准时。因为他们想送他去收容弱势孩子的学校，和那里的孩子们在一起，然后看着他们经受种种苦难。我不想让他知道存在这样的事情。我从一开始就教导他，他没有耳朵是他的幸事——他相信了。激情促使人们完成看似不可能完成的任务。他在《周六晚间邮报》找到了一份销售工作，成为一名卖报员。他经常是出门时带着价值5美元的商品，回来时带着10美元的现金。人们会看着他说："为什么那个没有耳朵的小孩会出去卖报纸，我猜他的父母一定是穷人。"他们会买他1美元的东西，当他试图找给他们零钱的时候，他们说："宝贝，不用找了，拿着吧。"因此，他经常卖出的每份报纸都得到1美元的整钱。如今的他，根本没有感受到失聪有什么困扰，他过着完美的正常人的生活，因为我告诉过他，任何苦难、困难、折磨，都能够转化成恩惠。

2. 运用信念需要以祈祷的形式把明确的主要目标至少每日确认一次。潜意识仅知道你所告诉它的，或者你允许他人告诉它的，或者是你允许生活的环境告诉它的事情。它不会区分谎言与事实，也不知道1美分与100万美元有何不同。它接收你发送给它的信息，如果你发送给它的都是关于贫穷、疾病和失败的思想，那这些就恰恰会是你将要得到的。不管你今后有多少信念，你会发现潜意识会对你白天保持的思想态度做出反应。你很有必要一遍遍确认你生活中的目标是什么，直到你的潜意识自动地关联你的目标。你会发现你的思想就是电磁极，一旦你确切地向它传达你想要的，它就会为你的目标实现发挥磁力作用。

3. 承认存在使整个宇宙保持秩序的无穷智慧。

你是这种智慧的微表达，并且你的思想没有边界，除非你允许或故意在你的思想里建立界限。像爱迪生先生、福特先生和卡内基先生所创造的成就，无疑支持思想是没有边界的，除了你自己在脑海中建立。

从接触卡内基先生开始，一直到我把这门哲学传递给全世界，要是我曾对我的信念动摇过的话，我就不会实现我想做的事情。我是如何做到的呢？你知道我在实现的过程中，什么发挥了最主要的作用吗？不是我的才华，也不是我的智力。我不比普通人有才华，也不比普通人聪明。但是，我相信我能做到，并且我从没有停止过相信自己能做到。进展越困难的时候，我越是相信我能做到。如果你能用这种态度对待自己，当身陷困境或是遭人反对时，把那些弃置一旁，不要与自己为敌，然后运用信念，你就会做到。

你知道人人都会面临考验吗？没有人不经过任何考验待在那里就能有个高质量的生活，就能进入一个经营得当的公司，就能从低职位晋升到高职位。

我在研究里发现的最显著的事情之一是，在每个年龄阶段各行业中最杰出的人，是那些曾遭遇困境或者反对的人。这并不是一个巧合，杰出人士如今的伟大，是因为他曾经的渺小，因为他曾被反对过，因为他不得不去努力。

我习惯讲述我早期的努力和我经历的挫败。我的老板告诉我这不是一个好的想法。可我认为它是一个很好的主意，因为如果你了解到我所经历的那么多挫败，认同我是如何坚持把头抬起来，活过来传播这门哲学的，你就会说："如果希尔都能做到的话，我也能做到。"这就是我把它们说出来的原因。

我不介意你用什么称呼：上帝、耶和华、释迦牟尼或是默罕默德。你可以把它称作任何你喜欢的称呼。不管你怎样命名它，我们谈论的是第一个起因。起因不能有两个，只是一个。第一个为我们生活的宇宙负责的起因——为你，为我，也为宇宙中存在的万物。我称它为无穷智慧，因为我的学生来自世界各地，有着不同的生活信条和宗教信仰，无穷智慧恰巧是一个中性的术语，不会冒犯人。

但是除非你不仅仅是相信它，而且你还能够向自己证明，并完全能把引用第一个起因的证据写在纸上，否则你不能充分利用明确的计划。

一个学生曾问我关于无穷智慧的概念，问我指的是不是像上帝一样的事物。我说："是的，我就是那个意思。""好吧，"他说，"你能证明存在你所谓的上帝吗？"我回答说："宇宙中存在的所有事物就是最好的证明，因为宇宙的有序性。"每个事物都是有序的，从最小的物质颗粒电子和质子，到宇宙中的各个星系。每一个事物都在秩序中：没有混乱，星球没有撞在一起。如果你不相信它，不接受它，就看不见它，感受不到它，不了解它，然后你就不会理解你是你大脑表达出来的无穷智慧的一小部分。如果你理解了，然后你就理解了我所说的这个事实——你的唯一限制是你自己在脑海中建立的，或者允许一些人在你脑子里建立的，或者让环境为你建立的。

你曾经遭遇的各种挫败和逆境，说明那样的经历确实承载着对应的福分。

法则 4

付出更多

你有权富有的第四条法则是付出更多，这意味着你做的事要比薪水范畴内的事多一些，并且带着愉悦的思想态度去做。人们总是说：“为什么我要为公司、老板多做超出薪水的工作？我能从中得到什么呢？”这就是你能获得的：如果你多付出了，你迟早会得到超出你付出的服务的补偿。你将会展现性格的更强大之处，保持积极的态度，经历勇气和自立带来的喜悦。你将会实现这些，并且会更多。让拿破仑·希尔来证明事实就是如此，并解释你是如何做到的。

付出更多意味着做出一些超出薪水范畴的事情。总是这样做，带着一种愉快和令人愉快的思想态度去做。

世界上存在这么多失败的原因是，大多数人连分内之事都不愿意做，更别提分外的了。如果他们做了分内的事，他们会边走边向身边的人抱怨，把自己变成一个令人讨厌的家伙。我想你了解那种类型的人。但是，那种类型并不适合你，因为如果你在学习这门哲学之前和那种人一样，你将会很快克服它。

我不知道有哪种品质和品性能够使人更快地获得一个机会，比起一个人走出他或她固有的思维模式来给别人帮助，或者做一些有用的事情。这是你在生活中可以不用争取任何人的允许就能做的事。我也不知道有哪种方法能使一个人变得必不可少，除了多付出一些，通过给予一些没有预料到你会付出的服务，并带着一种正确的思想态度去做。

思想态度是关键的。如果你为自己的多付出而抱怨，结果就是它不会带给你多少回报。你会想我从哪里得到的权利来阐释这个法则的呢？来自经验。

我观察大自然运转的方式，因为如果你遵循自然的运转方式或者习惯，你就不会犯错。相反，如果你不认可和遵循自然规律，你迟早会遭遇麻烦——只是时间问题。宇宙运行有个总体的计划，无论你怎样称呼那个计划的第一个起因，或者它的操作者，或者它的创造者。大自然有一套法则，它可以使每个人发现这些法则并把自己调整到和法则一致的状态。最重要是，自然要求每个人为了吃，为了住，为了生存而多付出一些。如果不是多付出一些这个法则，人就不能在一个季节里存活下来。

不要今天付出价值100万的服务，就期望明天就能从银行中取得支票。如果你开始付出价值100万的服务，你要每次都多做一点。要使自己的多付出得到认可，然而在别人注意到你之前，你要花一段时间那么做。但是要是没有人注意到，你就不要太长时间地多付出。如果没有适当的人注意到你，巡看四周发现恰好会注意到你的人。换句话说，如果你现在的雇主没有认同你，辞掉雇主，让他的对手知道你所付出的这种服务。你会相信这不会对你有任何的伤害。

制造一点竞争。

没有人会无动机地接受一个法则或者做一件事情，我有充足的理由可以说明你为什么要多做一些。

增长回报法则

增长回报法则意思是你将会获得比付出的更多的回报，无论是好的还是坏的，积极的还是消极的。那是自然运行的方式。**无论你给予什么，无论你对或为他人做了什么，或者无论你自身散发出去什么，都会成倍地返还回来。**一切都不例外。它并不会马上返还回来，有时它会比你预想的时间要长。但是你也许相信，如果你散发出去一些负面的影响，它迟早会返还回来。你可能不知道引起它的原因是什么，但是它会回来的。它不会遗忘你的。

增长回报的法则是永恒的，自动的，一直是这样运行的。它就像牛顿的引力法则一样是不容变更的。世界上没有人能够规避它、绕开它，或者使它延期。它一直都在运行着。增长回报法则说的是当你走出固有的思维模式，多做一些薪酬之外的事情，你不可能不获得比你付出的更多的回报。以一千零一种不同的方式返还回来。

补偿法则

它并不是从你给予服务的源头回来。不要害怕为一个贪婪的买家或者一个贪婪的雇主服务。为谁提供服务都是一样的。如果你是在一种好的精神状态下去做，就像习惯一样坚持做下去，你不被补偿的不可能性和被补偿的可能性是相等的。就是说，你一定会被补偿的。因此，你不必为对于给予服务的对象是谁太过于小心。对每一个人运用这个法则，不管他是谁——陌生人、老相识、商业合伙人，也可以是亲属。把为每一个人服务当作是一项事业，不在乎你与他们接触的形式。

你能扩展自己在世界上所占空间的唯一方式——我指的不仅是物理空间，还有思想和精神的空间——将会由你给予服务的质量和数量确定。除了质量和数量，还包括你给予帮助时的思想状态。这些因素决定了你能在生活中发展多好，获得多少，享受多少，你思想空间会有多大。

自我提升

自我提升能够吸引别人赞赏的注意力。如果你观察力敏锐的话，你会发现在每一个组织里，自我提升的那些人就是付出更多的人。如果观察那些付出更多的人的记录，你会发现，当提升的机会出现时，是这些人获得机会。他们不用寻求，也根本没有必要。雇主会寻找能多付出的员工。它允许一个人在很多人际关系中独立。它能使一个人获得多于平均水平的薪酬。

供养灵魂

我想让你知道，多付出一些的这种做法，同样也为你身体内的灵魂做了一些事情，它使你感觉更好。如果世界上没有其他原因说明你为什么要多付出一些，我想说以上那个理由就足够了。生活中有很多事情带给我们负面的感觉，或者让我们有不愉快的经历。然而，这是一件你能够为自己做的给你带来愉快感觉的事情。如果你回顾自己的经历，我确信你会记得你在为任何一个人付出的时候，都是快乐的。

它就像爱一样。拥有爱，本身就是一种特权。你的爱得到他人的回报与否都没有关系。你已经从爱的这种情感本身中获益了。它会对你做一些事，它给你更大的勇气，它能使你克服多年来积攒的压抑和自卑的情结。迈出一步，做一些对他人有用的事，会对你有很多好处。

你对一些没有期待你的帮助的人做了一些有用的事，若他们以一种取笑的方式回复你，你不要太惊讶，他们会说："哦，我只是好奇你为什么要这样做？"一些人在你走出自己局限的思想框架，使自己对他们有用的时候，他们是会有点惊讶的。

身心方面的好处

每一种形式的多付出，都会促使一个人得到思想上的提升和身体上的完善，使一个人有更好的工作能力和职业技能。无论你是在做一个演讲，还是在完善你的工作，如果那是你打算在生活中多次做的事，每次在做的时候都下定决心，此次会超过先前做过的所有努力。换言之，使之成为自己不断的挑战。如果你按照那种方式做了，你会看到你有多么快的成长。

一生中，我的每一次演讲都比上次更好。我不经常做，但是那是我的意图。我的听众是一个大班级还是小班级，是什么类型，没有什么区别。我不经常有小的班级，但是，当我给一个小班级做演讲的时候，我会像给大班级做演讲一样，有着同样多的内容，不仅仅是因为我想我对学生是有用的，还因为我想成长，我想发展。你的努力，你的奋斗，你对天赋的运用，带来了你自己的成长。它使一个人从对照的法则中获益。你不用费心为它做广告——它为自己做广告——因为你身边的大多数人都不会多付出一些，那对你来说是好事。

如果每个人都多付出一些，世界会很美好，但是你就不能像现在这样如此明确地以这个法则捞金了，因为你会面临大量的竞争。不用担心，我会确信你不会生活在那样的世界里。与你一起工作的人，其中有很多人连分内之事都不愿做好，更别提多付出了，他们不喜欢那样。而你打算为此抱怨不止吗？然后回到旧有的习惯吗？仅仅是因为其他人不愿意那么做你就停止多付出吗？当然不是。

成功是你个人的责任。那是你独有的责任。你负担不起让任何人的观念、癖好在你走向成功的道路上挡路。你没有义务接受别人妨碍你成功的观点。我倒是愿意看到阻止我获取成功的人，我想要看到他的样貌，我也想让你有那样的感觉。你需要下定决心把这些法则运用到实践中去。它会促使你养成积极愉悦的思想态度，这是积极品质的一个更重要的特点——实际上，不是更重要的，是最重要的。

你知道自己怎样做能改变大脑的化学成分，从而让你变得积极而不是消极的吗？这是件不可思议的事，你知道有多容易吗？它容易得就像进入一个思想框架，在那里你想为其他人做一些有用的事情，不是要这边刚为某人付出服务，那边马上就从他的腰包里拿走钞票。你那样做只是因为从中获得的那份善良。你知道如果你提供更多更好的超出薪水范畴内的服务，你会获得比自己做的更多的回报，并且是心甘情愿的回报。那是自然运转的法则，是补偿的法则。

它是一个永恒的法则，它从不会忘记，它有一套完美非凡的记录系统。你会确信当你带着积极的思想态度给予正确的服务，你正在积累分数，迟早这些服务会成倍地返还。

好处无限

多付出一些有助于养成敏锐的想象力，因为它是一种习惯，使你不断追求新的更有效的方法来付出有用的服务。那很重要，是因为当你寻看四周，看有哪些地方，有什么方法和途径能够帮他人发现他自己时，你会发现你自己。

在研究中，我发现的最突出的事情之一是，在你遇到问题或不愉快的事不知如何解决，在你做了你知道该做的所有事，在你尝试利用了你了解的每一种资源后，问题仍处于僵局状态，这时常会有一件事你可以去做。我想让你知道，如果你做了那一件事，结果是你不仅解决了你的问题，你还学会了深刻的一课。那就是找到一位和你有相同困难或者有更大困难的人，以你的处境为起点，去帮助那个人。你瞧，这样做会提供给你一些东西。它使大脑释放脑细胞，然后这些细胞把无穷智慧带到你的大脑里，给你提供解决问题的答案。

我不知道为什么那么做会起效，但是你知道我是如何知道那样做是有用的吗？你知道为什么我能如此乐观地那么说吗？是经验给了我那样说的信心，通过自己数百次的尝试，和通过我推荐我的学生们那样去做的经验。那是多么简单的事啊！我不知道它为什么会起效果。生命中有很多事是我不明白的，也有很多事情是你不明白的。也有一些你明白的但没有为之努力的事情。这是我一点都不了解的，但是却能为之做些努力的事情之一。

我遵循这个法则，因为我知道如果我需要开放自己的思想去迎接机会，世界上最好的方法就是去寻找，看有多少人是我可以帮助的。

个人能动性

个人能动性使你养成寻找一些有用的事情来做的习惯，在没有人告诉你的时候就开始去做。那个叫作拖延的老家伙，他给世界带来了很多麻烦。人们把前天就应该做的事情拖延症到后天。我们中的每个人都是愚蠢的。我知道我也不例外，你也不例外。但是，我能告诉你，我现在比以前要好。现在我能找到很多事情去做，因为我能从中获得快乐。每次你多付出一些，你就是在从中获取快乐，否则，你不会多付出。它会帮你养成个人能动性的品质，帮你克服拖延习惯。

付出更多也会帮助他人在诚实和整体能力上建立自信心，它能帮助人掌控并改掉拖延习惯。它使人建立明确的目标，以此作为成功的基础。你有了目标，就不会像缸里的金鱼一样转圈，结果总是回到原地。明确的目标源于付出更多，它也使你感受到你的工作是快乐而不是负担。如果你没有在付出的同时感受到爱，你就是在浪费大把的时间。

世界上最快乐的事情之一是被允许从事你宁愿做的事。当你多付出一些，你就是在做那件事。你不是必须要去做，也没有人期待你那么做，更没有人要求你那么做。当然没有雇主让员工付出更多，他可能偶尔需要额外的帮助，但不会经常那样。那是你靠自觉性去做的，它使你的劳动变得有尊严。即使你在挖一条沟渠，你是在帮助一些人，也是乐此不疲的。

付出更多，常会带来很多乐趣。你可能认为你会在结婚的时候多付出一些，但是你结婚之前怎么样呢？相信我，我有很多次午夜还在工作，我根本不认为那是很辛苦的工作。那是我自己的想法，我主动那样做的，但是我也从中获得了很多乐趣和回报。当你追求一个女孩时，或者被一个你欣赏的人追求，即便你为此失眠，你也没有感到为此受伤害，这是不可思议的。如果你能把求爱时的态度放到你的职业或事业上，不也是件很美好的事吗？我们又会再一次求爱了。在家里开始，和自己的伴侣。我不能告诉你我使多少伴侣又重新开始了狂热的求爱。他们在这个过程中获得了很多乐趣，避免了很多摩擦，减少了花销。尝试一下，就那样笑吧，它会给你带来好处。

我的意思不是说去乱开玩笑。当我说那是世界上最好的地方来开始多付出一些时，我是非常严肃的。当你和之前没有合作过的人一起付出努力，坐下来和他们进行一个小的销售式的谈话。告诉他们，你已经改变了态度，你希望双方都能改变态度，从现在开始，所有人都多付出一些。我们殊途同归，彼此依护，我们都会从中获得快乐，会获得更平静的心神和更幸福的生活。如果你今晚回到家里，和你的伴侣说那样的话，那不是件令人很愉快的事吗？它只会有帮助，不会有伤害。你的配偶可能没有被打动，但是你会。没有什么能够阻止你从中获得快乐。

要是那个人是你工作中相处不融洽的人怎么办呢？为什么不明早带着微笑走过去，握着他或她的手说：“看着我朋友，听我说，从今以后，让我们一起来享受工作时光。”他会说什么呢？嗯，不起作用吗？哦，对，它是起作用的。你尝试一下看看。有另外一种东西叫傲慢，如果这个世界上什么最具伤害，那就是傲慢了。不要不愿意屈尊自己，如果那对你与人建立良好的长期合作关系有利的话。

“这些话并没有写在我的笔记里，但是我会告诉你它们在哪：这些话在我的心里。［掌声］谢谢。我与人能非常好地相处，一个原因是，我经常脱离我的笔记，走进自己的内心，挖掘一些我想让你拥有的东西——给你的灵魂来一小口食物，因为我知道它们是有营养的。因为我知道我从哪里得到它们的，它们这些年为我做了什么。”

（拿破仑·希尔在演讲中说的这番话，如此真挚，使得我们把这番话改录在这里，尽可能与希尔当时对他的学生的表述一致。）

建立义务感

付出更多是唯一能给人们权利来获得提升机会或得到更多薪水的方法。你有思考过吗？你不要在买你服务的人那里要更多的钱或者更好的工作，除非之前你已经多付出了，多做了薪水以外的服务。不言而喻，如果你的服务没有超出薪水范畴，那你得到的就是你应得的报偿，不是吗？所以首先，你要做的是多付出一些，然后在向任何人寻求帮助之前，把帮助他们当作是你自己的义务。如果你已经把为足够多的人多付出当作自己的义务，那么当你需要帮助的时候，你常常能转向他们那里获得帮助。你知道自己有资格获得帮助，这不是一件很妙的事情吗？当你有资格四处求助的时候，你不感到自豪吗？我想让你对其他人有资格，我想教给你获得这种资格的技巧。

大自然在多付出

我们通过观察大自然来更好地理解付出更多法则的正确性，大自然有很多这方面的阐释。你会看到大自然在多付出，除了自足外，还为紧急情况和浪费留出备份。自然的这点主要表现在树上的花实和海水中的鱼儿上。它不仅生产足够的鱼来使鱼种永存，而且还有充足的鱼来喂养蛇和短吻鳄以及其他的捕食者。它生产出会死于灾害的树木，甚至更多，来确保树种永存。自然在它的事业中总是慷慨付出，反过来，它对每一种生物在付出方面的要求也很高。蜜蜂辛劳为花朵授粉才被馈予花蜜。蜜蜂被花蜜吸引，但它必须先付出服务才能获得想要的花蜜。

你听说过空中的飞鸟和林中的走兽，它们既不编织也不纺纱，但是它们总是活着并吃着。如果你认真观察野生动物，你会明白它们要是不在吃之前做出一些付出，是不会有食物吃的。以一群常见的麦田乌鸦为例，它们必须组成队伍成群飞行。它们中有做警卫的来保护队伍，它们之间有密码可以相互警告。换言之，它们需要做出大量的努力后才能安全地吃上食物。

自然要求人要为获得食物多付出一些。所有的食物都源于大地，如果人想要获得食物，他得播撒种子。他不能完全依靠自然植被（至少不是在开化的文明中）。在未开化的群岛，我想他们是靠吃生椰子和所能得到的食物。但是在开化的文明生活里，我们要在大地上种植我们的食物。我们在犁地之前要先把土地铲除干净，耙地、做栅栏保护耕地，防止破坏性的动物，等等。所有这些需要劳动力、时间和金钱。所有要做的都要在能吃上食物前完成。我根本不用费力说明这样的想法，即自然要求每一个个体多付出一些。就像农民一样，毫无疑问，他知道生命的每一分钟，如果不付出就不能获得食物，就没有任何东西可以出售。一个新的员工不能在开始多付出，就马上要求高薪和晋升，以那种方式做是不会有效果的。你得先建立名望，使自己在感到获取回报前被认可，被接受。如果你在一种正确的思想态度下多付出一些，结果就会是你从来不用为你付出的服务自己去要补偿，因为它会自动地以晋升或涨薪的方式回馈你。

补偿法则

贯穿整个宇宙，每个事物被安排在补偿法则之下（爱默生对此有过充分的描述），自然的安排是保持平衡的。每个事物都有两面性，在每个能量单元里都存在正反两个方面，积极—消极，白天—黑夜，热—冷，成功—失败，甜—酸，幸福—痛苦，男人—女人……在每个地方的任何事物里，都可以看到行为与反应。你做的每件事情，你的每个想法，都会引起其他人的反应，或者引起作为释放想法的人你本人的反应。你所表达的每个思想，甚至是沉默，变成你潜意识的一部分。

如果你的潜意识里储存了太多的负面思想，你将会被负面思想主宰。如果你遵循只释放积极思想的习惯，你的潜意识模式就会是积极的，就会吸引到你想要的所有事物。如果是消极的，就会驱赶走你想要的东西，只吸引到你不想要的东西。自然法则也是一样。

付出更多是我知道的最好的方法之一，可以用来培养你的潜意识给你吸引你想要的事物，并驱赶走你不想要的事物。

一个既定事实是，如果你忽略培养和运用付出更多法则，你不会取得个人成功，你不会变得经济独立。我知道它是可靠的，因为我有你还没有的特权，但是你会拥有的。我有特权观察成千上万的人，他们其中有些人是运用多付出法则的人，有些人不是。我有特权发现了坚持付出更多法则的人的结果和不那么做的人的结果。**毫无疑问，要是一个人没有多付出的习惯，他的生活状态就不会超过平庸或中庸。**没有可反击的例子，如果我发现存在这样的例子，哪怕仅仅只是一个，存在一个没有通过多付出而平步青云的人，然后我会说，有例外。但是我的立场是，没有例外，因为我从未发现过一个那样的例子。我可以根据自身的经验很明确地告诉你，我在这个世界上获取的任何利益，无一例外不是作为我多付出的结果。

你要变得有主见，因此可以不用任何人的帮助来完成这些事情。当你能够做这个世界上你想做的任何事情时，回报就来了。不要在乎有没有人想让你做，或者不让你做，也不要在乎他们是否会帮助你，你能靠自己完成。那是我知道的最庄严、最荣耀的感觉——我想做的任何事情，我能够做。我不用去问任何人，甚至我的妻子。但是如果不得不问的话，那我会的，因为我们是很好的伴侣。

心神宁静

有一个不被嗤之以鼻的小术语：心神宁静，这是我从 20 多年的多付出中获取的。你知道世界上有多少人愿意连续 20 年做没有从中获取报偿的事吗？有多少人愿意在不确定是否会从中获得回报时连续3天做某件事情？你会对数目之少感到惊讶。

我们正在寻找人类可能会拥有的最伟大的机会之一，尤其是生活在能够把握自己的命运和能以任何我们想要的方式表达自己的国家里。言论自由，活动自由，教育自由。在生活的每一方面你有很大的机会去多付出一些。然而，大多数人都没有那么做。没有多少人曾对这个道理感兴趣，因为他们或家庭富足，或事业兴旺。他们一切顺利，没有烦恼可说。如今，几乎他们每个人都遇到了麻烦。

你知道与其发现世界还有什么地方不对劲倒不如做点什么吗？你知道我是如何利用自己的时间的吗？我努力发现我能做什么来改正这个家伙。我不得不陪他一起吃，每天早上给他刮胡子、洗脸，时不时地给他洗澡。你不知道我为他做了多少事情！我得和这个家伙一起生活，一天24小时陪他。

我规划自己的时间来自我提升，通过自我完善，来努力改善我的朋友和学生，通过著书、做演讲，还有其他的教学方法。假如我当初要是坐在那里看旧报纸，看里面的谋杀故事、离婚丑闻和所有每天在报纸上宣传的琐事的话，今天就不会获得如此好的回报。我仍在谈论这个男人，拿破仑·希尔，他没有足够的理性去谢绝安德鲁·卡内基先生提供的无偿工作20年的机会。但他的那个20年是幸福的，因为他已经在他人心中播撒了善良和帮助的种子。

假如我重新活一次的话，我还是会以原来的方式活。我会犯下所有犯过的错误。我会在我犯错的时候犯错，早点犯错，如此我会有足够的时间来纠正一些错误。在那期间，我会达到心神的宁静，领悟会在生命的午后到来，而不是在午前，因为我不会获得它。当你还年轻，你能够获得。但是，当过了正午时光，进入了午后，你的能量就不比早前了。有的时候你是靠精神能量，你的体能跟不上了。你不能像年轻时那样可以承担很多麻烦。你余年不多，没有足够的时间来纠正所犯的错误了。

我在不惑之年，能享有心神的宁静，是我从这门哲学中获得的最快乐的事情之一。如果你问我获得的最大补偿是什么，我会说就是这个了。有很多人和我一样的年纪，甚至比我年轻，还没有获得心神的宁静，也永远不会。他们永远不会，因为他们在错误的地方寻找。他们没有为此做任何努力，他们期望别人来为他们做。思想的宁静是你自己为自己获取的。首先，你自己要去努力博取它。至于如何博取，你们中的一些人会惊奇于在哪里真正开始寻找。它不在普通人寻找的地方，也不在金钱能买得到的地方，也不在获得名誉和财富的快乐中。你会发现心神的宁静在一个人内心的谦逊中。

下面出现的希尔博士的“内心之墙”是他在演讲自我约束法则中描述的墙系统的一部分。为了帮助你理解这句话，他指的是他内心的精神圣殿。这个“墙”使其他人避免进入到他的内心，那里只是他和上帝的圣殿。

我主要是通过“内心之墙”获取心神的宁静，我走进去的一个地方，在那里墙高得像永远存在一样。每一天我都多次走进去沉思，在那里，我获得了真正的内心平静。我能够经常进入那堵墙的里面，隔绝世俗的影响，与更高层的宇宙的力量交谈。任何人都可以那么做，你也能。当你学完这门哲学，你就能够做任何你想做的事，并且像我做得一样好，或者更好。我希望我教出来的每一位学生最终都会在我知道的每一方面超越我。也许通过著书，你将会从事我曾经的事业，写出更好的作品。为什么不能呢？实际上，我只是一名学生，我认为是个还算聪明的学生，也就是一名在学习路上的学生。我实现的唯一完美的状态（不能被任何人所超越的）就是我真正发现了心神的宁静，以及获得它的方法。

每天去做至少一件多付出的事情。即便只是电话问候一位熟人祝他好运。当你给一位忽略一段时间的朋友打电话，只是说，“我在想你，我只是想打电话问候一下你还好吧，我希望你和我感觉一样好。”你会对所发生的事情感到惊讶。你的朋友也是。不一定是亲密朋友，也可以是你认识的人。或者，帮朋友值半小时的班，让他放松一下；也可以是在邻居要去电影院时，帮他照看小孩。如果你打算就是和自己的孩子们待在家里，刚好你知道一位邻居想要出门去看电影，却搞不定他吵闹的孩子，如果你真的是一位有办法的人，你可以帮他照看。把那当成自己的义务，帮助一些没有一点自由时间的人摆脱困境，你会感觉自己是善良的。这是很好的事情。如果你是没有孩子的人，你可以说：“你外出的时候，为什么不让我来照看你的孩子呢？你和你的丈夫可以小浪漫一下。你要是外出有事或者想看场电影或者表演的时候，让我过来帮你照看小孩。”那样做你得非常了解你的朋友。当然了，你们大多数人都会有一些邻居，你可以用这样的方式接触，他们不会以为你不正常。生活中的成功和失败都是由小事组成的，它们小到经常被人忽略。

我知道有些人非常受欢迎，以至于他们不会有一个敌人。其中一位是我的合作伙伴斯通先生。他经常多付出，看他现在是多么的精神焕发。看看现在有多少人在为他多付出着。有很多人，如果他们没有通过为斯通先生工作而赚到很多钱的话，他们会愿意支付给斯通一份薪水，仅仅是想为他工作。实际上我听一个人说过，他为斯通先生工作而变得很富有。他说：“如果我没有从为斯通先生效力而赚到钱，我宁愿支付给斯通先生薪水，仅仅因为能和他一起合作。”斯通除了在他对人对己的思想态度上，他与你、我或者任何人，没有什么不同。他把付出更多法则运用在自己的事业上。有时候，我看到有人不公平地与他竞争。但是斯通先生并不担心。事实上，那段时间他根本不担心。他学会使自己以这样的方式适应生活，他从生活中获得了很多快乐，从人们那里获得了很多快乐。给一些熟人写信，他获得了勇气。在你的工作中，做一些超出薪水范畴的服务，在岗位上多做一些服务，或者使他人更快乐一点。

法则 5

个性乐观

你是谁？你在他人面前是什么样的风貌？你遇见的人喜欢你还是不喜欢你？或者更糟糕，他们看起来根本不在乎你？你有权富有的第五条法则是个性乐观——积极个性。记住，无论你是谁，你是做什么的，每次你遇见一些人或者解释一种想法，抑或是在打电话谈论事情，或者给出一个意见，你都是在出售你最有价值的财产：你自己。当你变成最好的自己，你就会实现更多。养成积极的个性将会使你把自己引向一个有活力和魅力的方向。充分利用这一法则，将会使一个销售员和一个接单员有区别，使一个成功的领导者和一个普通的员工不一样，一个受欢迎的人和一个被讨厌的人不相同。正如希尔博士强调的“充分利用”，这是非常重要的。除非你一直利用构成积极个性的特点，否则它们对你几乎没有价值。

希尔博士的这堂课，看起来像一个测验。他让学生在25个特点上给自己打分。建议你把这个演讲视作一个起点，作为理解积极个性的关键特点的方法。在每个特点上给自己打出 0 ~ 100 的分数。这样来计算得分：如果你感觉自己是完美的或者十分接近任何一个单一的特点（一个少有的成就），给自己A+；如果是在平均水平之上，给自己打A；如果是中等平均水平，给自己打B；如果你比较不好、低于平均水平，给自己打C；如果你感觉对任何特点都不满意，记下一个D。你要绝对诚实。打的分比自己应该得的分数高的话，就是自欺欺人，那样只会妨碍你实现目标。然后一个月后，再一次测试你自己，并保持测试自己来追踪你的进步。

我想向你介绍全世界最了不起的人——这个人此刻正坐在你的座位上。当你通过这25个构成一个积极个性的特点制服了那个人，你就会发现你的确是非常了不起，并且知道为什么。我想让你给自己排名，你认为自己有资格排在哪儿，它可以是0～100。你完成的时候，把总分加起来，然后用它除以25，这就会给出你在积极性格上的平均排名了。如果你排在50，你还好，但是我希望你的排名会更高。

特点1　积极的思想态度

第一个个性乐观的特点是积极的思想态度，因为没有人想要待在一个消极的人周围。无论你有什么其他的特点，如果你没有一个积极的思想态度（至少在他人面前），你就不是一个个性乐观的人。现在把你自己排名在0～100，如果你把自己排在100，你将会和富兰克林·罗斯福在一个教室里。那个分数相当高了。

特点 2　灵活的思想

下一个特点是灵活性，这是一种能够调整自己适应生活多变的环境而不被埋没的能力。这个世界上很多人有着古板的习惯和固执的思想态度，以至于他们不能适应任何不愉快的事，或者任何他们不赞同的事。你知道为什么富兰克林·罗斯福是我们这一代最受爱戴的总统之一，如果不是最的话，也是受欢迎的总统吗？他可以应对所有人。参议员和国会成员本来打算来到他的办公室杀死他，但是他们最终却是歌颂着他离开的（当时我就在他的办公室里）——都是因为他的思想态度。换言之，罗斯福总统调整自己适应他们的思想态度。他没有在其他人疯狂的时候变疯狂。如果你想要变疯狂，只在别人心情不错的时候做，这样你有更好的机会不受伤害。

我看过美国历届的总统更换，我与他们中的几位有过合作，我知道灵活性这个因素在世界最高端的办公室里意味什么。赫伯特·胡佛大概是最优秀的商务执行官之一，然而他并没有第二次把自己推销给世人。因为他的不灵活，他太古板、太固执。卡尔文·柯立芝也是一样，伍德罗威·威尔逊在某种程度上亦是如此。他太严厉，太固执，太较真。换句话说，他不允许任何人拍他的肩膀，叫他昵称“伍迪”，或者跟他有任何的私人关系。这一生有很多的事情需要你调整自己去适应。如果你想要获得宁静的心神和健康的身体，你可能只是需要学会变得灵活。如果你不灵活，你可以变得灵活。

特点3　合意的语调

你可以体会到，令人愉悦的语调很重要：有很多人有刺耳的语调，或者他们有鼻音，或者他们的声音、语调里有激怒他人的情绪。例如，一个单调的演讲者，没有个人魅力，也不知道如何调整音调，100 万年他也不会有自己的听众。如果你打算教学，或者做演讲，或做任何公共场合的讲话，甚至是进行成功的交谈，你得学会给你的声音一种令人喜欢的音调。你可以通过做一些练习来提高。只是降低你的声音，别太大声讲话。你得通过练习来获得好的音调。

首先，你要感觉愉悦。当你生气，或者面对你不喜欢与之谈话的人时，怎样才能用一种愉悦的声音呢？你能，但是那不会奏效，除非你真正感觉到你想要表达自己的方法。

如果你想要使自己愉悦的话，所有这些都是你需要细心学习的技巧。我不知道有什么回报能比别人用喜爱的眼光看你更好了。这是你与人融洽相处必不可少的要素之一。

特点4　宽容

很多人没有充分理解宽容的含义，但是宽容意味着始终在所有事物上对所有人的一种开明的思想态度；一个开明的思想意味着你不能封闭地敌对任何人或任何事，世界上有开明思想的人占极少数。有些人如此封闭，以至于不能用一个撬棍把他们的思想打开。如果你尝试的话，你也不能从那里获取什么新的想法。你有见到过思想封闭的人同时是愉快的吗？你以前没见过将来也不会。想要拥有愉悦的精神态度，你得有一个开明的思想。一部分人发现你对他们有偏见，或者对他们的宗教信仰，对他们的政治、经济等方面的理解有偏见的话，他们就会离你远去。

我与我课堂上不同宗教的人们——天主教徒、新教教徒和犹太教徒，以及异教徒——都相处得很融洽。实际上，我与所有种族的人和所有宗教信仰的人都相处得很好，因为对我来说，他们都一样。与他们相处，是因为他们是我的同伴，我的兄弟姐妹。我从来没有考虑过他们的政治、宗教、经济信仰。我想的是他们怎样努力使自己更好，使其他人更好。这些是我看人的一个方面，也是我与他们相处很好的原因。

确实有使你的思想对所有人和事都关闭的内在原因。当你关闭思想并说“我不想知道再多关于它的信息”的那一刻，你就停止了成长。

特点 5　幽默感

良好的幽默感意味着你要有令人愉悦的性格——如果没有，就要培养——如此你能调整自己适应生活中所有不愉快的事情，不把它们看得太重。

我想我告诉过你我曾在弗兰克·克莱恩博士办公室里看到的座右铭。那给我留下了深刻的印象，尤其它是在一个传道者的办公室。它是这样写的：“别他妈的拿自己太当回事。”他解释“他妈的”意思就是这个词的本意。如果你把自己太当回事，你就是在惩罚你自己。它根本不是亵渎之词。我认为它于任何人来说，都是一个好的座右铭：不要把自己看得太重。

最好的补药之一是，一天至少有几次诚挚亲切的微笑。如果没有什么可以令你发笑的，那么就去创造一些。例如，在玻璃里看自己，因为你能够经常那样取乐。你会惊奇于当你那么做的时候，它是如何改变你大脑的化学成分的。如果你遇见麻烦了，当你笑的时候，麻烦就会消散，你哭，麻烦就会变成一个更大的麻烦。良好的幽默感是很神奇的。我不知道我的幽默感是否像你们说的那么高，但它确实不错。我可以从生活中的几乎任何环境中找到一些乐趣。我过去总是会从我现在可以获取快乐的环境中得到一些惩罚。我的幽默感比过去要强很多。

特点6　坦率

养成说话前先思考的习惯。很多人不会那样做，他们先说后想，或者说完后悔。如果你能够做到在对人说话之前，弄清楚它是对听话的人有利还是会伤害对方，那就太棒了。也考虑一下，它是对你有利还是会伤害你。遵循这两个简单的规则，你能够避免欲言又止。在你开始张口说话之前做个小的权衡和思考。有很多人张口就说并忘记他们所说的，因为他们不曾思考过。这些人几乎总是与他人不和。

坦率的举止和言语不是意味着你确切地告诉一个人你对他的看法。如果你那样做，你就没有朋友了。坦率不意味着推脱和含糊其词。没人喜欢空谈者，没有人喜欢经常回避问题的人或者总是对事没有见解的人。

特点7　令人愉悦的表情

不可思议的是，如果你对着镜子学习面部表情，你会发现，当你努力的时候你可以做出很多比不努力时令人喜欢的表情。努力微笑一点，当你与人说话的时候学会微笑，你会惊奇于微笑对你所说的话比你皱眉或者看起来严肃的时候是多么的有效。它对听话者的作用是巨大的。我讨厌和板着脸严肃的人说话，就好像全世界都亏欠他似的，那使我烦躁不安。我只是希望他能像富兰克林·罗斯福一样思想灵活。当人给你一个灿烂的微笑时，他说的甚至最无关紧要的事听起来都像音乐一样悦耳，听起来充满智慧，因为他的笑容所带给你的心理作用，那个笑容是神奇的。当你没想笑的时候就别对人咧嘴，因为猴子才咧嘴。微笑是因为你有想笑的感觉。但是微笑首先应该产生在哪里——在你的嘴唇还是脸部，或者其他部位？微笑应该从你的内心开始，是你感觉到它的地方，那才是微笑开始的地方。

你不一定很漂亮，也不一定英俊，但是一个微笑可以美化你，不管你是谁。微笑使你的面容更加好看。

特点8　良好的正义感

你知道有多少人是公平的、正义的、诚实的，只有当他们知道它会以一种或另外的形式回报给他们时？如果他们做一些事情对他们有利的话，他们会变得不诚实有多快。我不能给出你百分比，我很讨厌告诉你我是怎么看待它的，但是，我确信那个比例太大了。有太多的人是那样的。

特点 9　真诚的目的

没人喜欢心口不一的人。它不像说谎那么坏，但目的不真诚极近于说谎。

特点 10　多才多艺

一个除了知道一件事之外就别无所知的人，当他走出自己的知识领域时，便会是苦恼的。他不会对健谈的人感兴趣，因为他没有丰富的谈资。你知道世界上最好的被他人喜欢的方法吗？——跟他们谈论他们感兴趣的话题。

特点 11　机敏

你的演讲不一定非要反映出你的思想态度。你不必要说出你所想的一切事情。如果你那样做，你就是一本每个人都可以随意翻看的书。在你的演讲和对人的态度上要圆通、机敏。你能够做到总是机敏的。

你知道马路上的那些司机——一些剐破你的挡泥板的家伙？你知道他们有多聪明吗？也许 10 美分的漆被剐破了，但是他们叫嚷别人 100 美元的损赔。一天，我看到了两辆车在高速公路上相撞了，车主从车里跳出来并道歉，每个人都抱怨是自己的错并想支付赔偿。当时要是换成我，我真不知道我会怎样做。

如果你机智地与人交往，你能跟人一起完成很多事情。而不是告诉人去做事情，或者让，或者要求，或者请求。如果你会问一个人会不会介意去做一件事的话，那你是很有策略的。尽管你有权给他们命令，但是去问他们是否介意去做某一事情将会更好。我认识的最好的雇主中，有一位从来不直接给员工下命令。那人就是安德鲁·卡内基。他总是会问他的同事和雇员，甚至会以很谦卑的姿态问他们是否介意为他做某些事，是否方便，或者是否合适。他从来不命令下属去做什么事，他总是问他们。所以他能与人相处得那么融洽，他那么成功，一点也不令人奇怪。

特点 12　决定果断

当所有的事实都摆在面前，应该当场做出决定的时候却总是推脱的人，不会真正地被人喜欢，也不会有真正积极的个性。我不是说他们应该在时机未可之时，突然地给出裁断。你应当养成拥有了所有的事实之后果断做决定的习惯。

如果你做了一个错误的决定，你能经常推翻它。当你发现你应该推翻自己的时候不要犹豫。如果你做了错误的决定，要公平地对待你自己和其他推翻你的人，这样会有很大的好处。

特点 13　信仰无穷智慧

我不用过多说明相信无穷智慧。你知道你的信仰在那里，你会排得很高，如果你相信你的宗教，无论它是什么。

你将会惊奇，有多少人只是嘴上说信仰无穷智慧，只说不做。这种嘴唇服务的声音并没有大到你能够在远处听得见。他们没有用行动支持对无穷智慧的信仰。我不知道上帝是如何看待它的，但是我认为哪怕是一个好的小小行动也要远好于无数次的口头表达，仅仅是一个行动。

特点 14　恰当的措辞

用语恰当意味着你要摆脱行话、俏皮话或者脏话。我从来没见过哪个时代像如今这样，人们用如此多的俏皮话、俚语、含糊其词的空谈或者那类话。那样说话的人看起来聪明，但听的人却不那么认为。他可能会嘲笑那种做法，他不会对一个说俏皮话或者聪明话的人有什么印象。

英语是世界上最不容易掌握的，它是一门独具魅力的语言，有着广泛的单词和丰富的含义。掌握英语是很美妙的，如此你能够准确地向别人表达你的想法，或者你想要他知道的事情。

特点 15　适度的热情

为什么要控制热情？为什么不让它尽情释放？让你的热情释放会给你带来麻烦。像控制电能一样控制你的热情。电确实是个奇妙的事物，它可以洗碗盘、洗衣服、运行烤箱，也可以在炉子上为你做饭。它可以做很多事情，但是你要小心用它。当你需要的时候把它打开，不需要时把它关掉。你应该同样小心对待你的热情。你想用时开启它，不用时能迅速关掉它。如果你没能像你打开它时那样迅速地把它关掉，有些人就会过来让你对一些你不应该热情关注的事充满热情。在那个时候你就变成了一个傻瓜，成了他想让你做任何事情的牺牲者。

你若对人过度热情，会使他身心疲乏，他便会用他的思想阴影抵制你。我遇见过十分热情的推销员，以至于我不会让他在有我的地方出现第二次，因为我不想让自己陷入与之对抗的麻烦中。我见过一些演讲者和布道者也是那样。我不想注视他们，因为抵抗他们太麻烦了。我谈论的是不控制自己的热情的那类人，你所能做的就是快点跑开，或者把他们的热情熄灭。过度热情的人是不会受欢迎的。但是，一个能够在适当的时候开启适度的热情，也能够在合适的时间关掉热情的人，会被认为是一个拥有乐观个性的人。

如果需要热情时，你若不能显露出热情，你不会被认为是有积极个性的人。有些时候你明确需要热情。教学、演讲、聊天和普通谈话，或者推销，几乎人际关系的每一件事都需要一定程度的热情。热情像所有其他的品质一样。只有一个品质是你不能培养的。看看你是否能发现它。安德鲁·卡内基说他能给你每一个特点，除了一个：个人魅力。个人魅力可以受控制，它也可以转变，但是它不能由一个人赠予另一个人。

就像一名运动员一样，你不能赢得人生的每一场比赛。没有人能。你有输的时候。当你输的时候，要输得得体、优雅，并说："我输了，但是也许这是我做得最好的事，因为我马上可以开始总结失败，从失败中获益，下一次，我会让他人输。我将使自己聪明起来。"

特点 16　不要把任何事情看得太重

无论什么事，都不要看得太重。在大萧条时期，我有四位朋友自杀了。其中两位是跳楼而死，一位用枪自毙，另一位服毒而亡。他们选择死亡，因为他们赔掉了所有的钱。我像他们一样，两次赔掉了自己的财产，但是我并没有从楼上跳下去，我也没枪杀自己，也没有去服毒。那我做了什么呢？我说：“这是一件很好的事，因为赔掉了这些数量的钱，现在我可以开始再赚更多的钱，并且在赚更多钱的同时，我也能学到更多。”我对于这件事的思想态度是，马上开始寻找改善的起点。至少它没有扰乱我。我对自己说：“如果我输掉了拥有的每一分钱，最后一套衣服，甚至是我的内衣，我总是能从一些人那里获得一桶金再次开始。无论在哪儿，我都能聚来一群人听我的演讲，我能够开始赚钱。”谁能让有着这样态度的人倒下呢？无论他被打败多少次，他会立刻行动起来。就像一个软木塞一样，你能够把它按在水下，但是当你把手拿开的那一刻，它会反弹起来。如果你不挪开，它会让你挪开。

特点 17　基本的礼貌

基本的礼貌是对每一个人的礼貌。以礼待人，尤其是对那些处于低层次（社会地位、经济条件方面比你低）的人。对自己不一定礼貌的人礼貌是件很奇妙的事，这对人对己都有意义。

我讨厌看到那种盛气凌人的人。没有比我在餐馆看到新进门的有钱人开始胡乱指使服务员更令人沮丧的了。也许那么做是他们的权利，但是我从来没有学过要那样。我认为任何在公共场合乱指使其他人的人，不管有没有原因，他肯定是哪里出错了。你可以确定他的生命中缺失了一些东西。

记得我第一次踏上荣誉之行去费城的贝尔维尤－斯特拉特福德酒店，拜见我的出版商。一名服务员把一些热汤溅到我的脖子上，导致我受了烫伤。服务员领班跑过来，在他后面正好是酒店老板，他想叫一位医生。我说："没事，没有那么严重。这名服务员只是洒了一点点汤。""好吧，"他说，"我们把您的衣服洗了吧，我们还要做这个……我们还要做那个……"我说："不，我并没有为此感到沮丧。"后来，那名服务员免受惩罚之后，他来到了我的房间跟我说："我想告诉您，我是多么的感激您说的那些话。您本可以使我被解雇，因为我所做的足以被解雇了。如果您没有以刚才的说话方式说话，我就已经被开除了，我承担不起失去这份工作。"我不知道我那么做给那名服务员带来了多大好处，但是它带给我的好处是它让我知道有一个我本可以使之受屈辱的人站在这里感激我。据我所知，在我的一生中我从没有为任何事情去故意羞辱任何人。我也许有过，但不是有意的。能够那么说，我感觉很棒。

用那样的态度对人，我感觉很好，我也因此得到了回报，因为别人也以那样的态度对我。他们不想使我难堪，因为你收到的结果都是你曾经所作所为的反馈。你是一块磁铁，正在给自己吸引你正在想的事物。

特点 18　恰当的个人修饰

适当的个人修饰对每个人的公共生活都是重要的。关于这一方面我从来没有太过挑剔。我从来没有穿过正式的服装，除了在极少数的场合。对于最佳着装的人，如果稍后让你描述他或她是如何穿戴的，你可能描述不出来。你会说："反正我感觉，他（她）看起来很好。"

特点19　优秀的表演主持能力

如果你想在生活的每一方面都把自己推销出去的话，你得是一个好的表演主持人。你要懂得什么时候去生动地表达，什么时候去用语言渲染气氛。例如，如果你想描述世界上一位杰出人士的人生，如果使用事实，不掺用夸张的方法，你不会达到预期的效果。你需要润色所谈论的事情和与你合作的人。你需要学会表演的艺术，这是你可以学会的技能。

特点20　多付出一些

我不需要在这里过多提示你应该养成多付出一些的习惯。我们有着一整章关于这个主题的演讲，你可以自我评估一下。

特点21　节制

在吃、喝、工作、玩和思考中，你应该沿用节制原则。节制也意味着展现任何情绪时不太多也不太少。吃能给自己带来像酗酒一样多的伤害。我做每一件事的原则是我不允许任何事来控制我。我吸烟的时候，在要被烟气呛着时，马上停止。我能喝一到两杯鸡尾酒，甚至是三杯（我不记得在一次社交晚宴上，我喝了更多，但是如果我想的话，我就能）。然而，如果我发现酒精掌控了我，或者说，我一旦发现自己不能够抵制酒，我就会及时地离开。如果我仍然吸烟，我遵循同样的原则。在达到雪茄烟气呛着我的时刻，就马上停下来。我想要始终都占有拿破仑·希尔。节制意味着凡事既不太多也不太少。如果你不做过分的事，生活中就没有非常糟糕的事情。

特点 22　耐心

生存的世界上，在所有情况下，耐心是一个人必须有的品质。世界充满了竞争。你不断地被要求有耐心，通过使用耐心，你学会量化这些事情，以至于你能够在时间更有利的时候，比别人更早采取行动。如果你没有耐心，试图强迫其他人，你将得到否定、拒绝或者是损毁，这些都是你不想要的。你需要耐心，为的是能够衡量你与他人的人际关系。你需要有很多的耐心。在任何时候你都能控制你自己。很多人没有足够的耐心，你知道。拿普通人为例，大多数人，你能够在两秒内使他们抓狂。所有你做的就是说错的话，做错的事。如果让我选择，我能够选择耐心而不抓狂。

特点 23　举止得当 仪态端庄

令人欣赏的个性的另一个特点是举止得当，仪态端庄。如果我放松身体走进来，我可能会更舒服，也可能会更简单。但是站直不倚靠任何东西对我来说会更好。垂头屈背地四处走动不在乎你的姿势，说明你是一个不在意自己外表的人（也不在乎其他事情）。注重得体的姿势和体态是一个很好的建议。

特点 24　谦逊朴实

我不知道有什么事物能像有颗谦和的心那样美好。有几次我确实不得不批评人，甚至有一些是和我一起工作的人。如果有必要表达自己对任何人做的任何事不赞同，我会默默地对自己说，因此他们不会听到，“上帝怜悯我们所有人。”我知道要不是因为上帝的恩典，我会是我正在批评的那个人。也许我已经做了十次坏事，就像我批评他的原因一样。换言之，我努力保持内心谦逊。不管发生了多么不愉快的事，不管我有多么成功，我遵循内心谦卑的感觉。毕竟，我所拥有的所有成功都归因于友情、神奇的爱、爱情和他人的合作，要没有这些，我就不会让自己以现在的方式被世人所知，我不会像现在这样使人获益，不会像如今这样成长。要不是调整自己适应他人，我也不会获得他人的合作。

特点 25　个人魅力

个人魅力是指性别情感，它是天生的气质，是唯一不能被培养的特点。它能被控制和引导到有利的用途中。实际上，最杰出的领导人、销售员、演说家、牧师、法官、讲师、教师，以及所有行业领域杰出的人，都是已经学会改变性别情绪的人。

转变性别情绪是把巨大的创造性能量转换成你在此刻最想做的事情。“转变”这个词需要到字典里查一下以确保你理解它的含义。

找到优点和弱点

关于以上25个特点，需要你思考的事情很多，通过思考，你会发现自己。当你真正冷静下来回答这些问题并给自己排名时，你也会发现你有自己都不知道的弱点，你也有或许被自己低估了的优秀品质。让我们发现自己，人们为什么喜欢我们，为什么讨厌我们？

我可以和你们中的任何一位坐下来，问不到20个问题。我能够正确指出你不受欢迎的原因（如果你不受欢迎的话）。我想让你做同样的事情。我想让你学会分析人，从分析你自己开始。发现人们受欢迎和被讨厌的原因是什么，当你那么做的时候，你将会拥有你可能想象到的最大财产。

法则 6

积极主动

有权富有的第六条法则是积极主动——个人能动性。简单来说，它是这门哲学的行动力部分。用汽车做个类比：为车轮打满了气，加满了油，它有一箱的能量，电池也充满了电。你甚至把它冲洗得像新车一样。只有一个问题：启动装置不工作，这就意味着你哪儿都去不成。

个人能动性就像发动机一样，不仅启动所有的身体行动，而且还促使你的想象力变成行动。它是把你的主要明确目标转变成有形的物质财富过程的一部分。个人能动性也是激发你完成所从事的任何行动的关键因素。

希尔博士指出有两种类型的人从来没有实现过任何事。一种人是从不做任何被告之要做的事情；另一种人是只做被吩咐的事情。因此，积极主动法则是付出更多法则的孪生兄弟。

像积极的个性一样，这个法则可以进行自我评估测试。准备好敞开自己的心扉，诚实地评估自己，看你有多少构成这一成功法则的关键品质。

这是非常棒的一课，因为它是这门哲学行动力的一部分。你是否理解所有其他法则，都没有意义，如果你没有为之做任何行动的话。现在要开始行动吗？换言之，你从这门哲学中获得的价值不会由我在这些演讲中教给你的任何内容构成。**最重要的事情是关于所有的这些法则你会做什么，以及你依靠个人能动性开始使用这门哲学所采取的行动。**

能动性和领导力有一些属性，我希望你开始给自己打分、排名。有很多属性，我会在我认为非常重要的地方做标记。根据这些属性给自己排名，将会是把这些属性变成自己的品质的第一步。

属性 1　明确的主要目标

这里没有必要进一步评论拥有一个明确的主要目标了。显而易见，如果在生活中没有一个目标——一个主要的总体目标——你不会有多少个人能动性。最重要的步骤之一，就是发现你最想要做什么。如果你不确定整个一生你最想做的是什么，那就让我们开始发现在这一年余下的时光里，你打算做什么。让我们别把目标定得太高太远。

如果你是一个商人，或者是一个职业人，你的明确的主要目标是获得更高的收入，无论你是做什么样的服务。到年底的时候，你可以查看记录，重新建立明确的主要目标，然后把它上升为更大的目标。制订一个年度计划或者 5 年计划，这是发挥个人能动性的起点。知道你要去哪里，到达后打算做什么，并且知道从经济学角度上讲，你能从中获得多少收益。世界上大部分人可以非常成功，如果他们能够下定决心想要成功，以及知道如何评估成功。世界上有很多人想要有好的职位、很多的钱，但是他们不确定他们想要什么位置，也不知道什么时候获得。让我们思考一下这个问题，在第一个问题上给自己打分。

属性 2　足够的动机

足够的动机激发不断的行动来追求一个人的明确的主要目标。仔细分析你自己，看看你是否有足够的动力或动机。如果你有不只一个动机想要获得你的主要目标，这会更好，无论你的动机是什么或者你的直接目的是什么。没有人无缘无故做一件事，我重述一遍。除了在精神病院，没有人会不带动机做任何事情。不正常的人可能做一些事情不带丝毫动机。但是正常人带着动机去行动，动机越强，他们就会变得越活跃，就越容易根据个人的能动性行动。

在这个世界上你不一定要有很高的智商，你不一定要非常的英明，你不一定非得受很高的教育。你能够是一位不平凡的成功者，如果你利用自己所拥有的，无论它是多的还是少的，开始使用它，把它放到操作中去，用它做一些事情。当然了，它需要能动性。

属性 3　智囊联盟

一个智囊联盟是个体通过友好的合作为了有价值的目标而获得必要力量的团队。现在开始采取主动性，发现你有多少朋友是可以指望或者号召的。把假如你需要支持、担保、介绍，或者甚至贷款时，真正可以指望的人列一个名单。顺便提一句，除非你有足够多的钱，否则你可能会有需要贷款的时候。拥有一些你万一有需要时能从哪里拿到钱的人不是很好吗？你可以经常去银行。你所能做的是提供四位一体的保障，你就能拿到你想要的钱。但是有时候当你需要中等数量的钱，或者你想要的不是钱。在那个时候，你需要找你已经培养的熟人，如此，当你需要帮忙的时候，你可以找他们。综上所述，如果你的目标是超越平庸，你需要一个除了你自己还有一个或更多人的智囊联盟，他们不仅愿意与你合作，还愿意不嫌麻烦地帮助你，有能力做一些对你有好处的事情。

这全在于你主动地建造智囊联盟。他们不只是因为你是一个好伙伴就过来加入你的队伍。你需要制订一个计划，有一个目标，找到适合构成智囊联盟的人。你也要给他们成为联盟成员足够的动机。

我刚好知道，有绝大多数人没有和其他人形成智囊联盟。如果你没有的话，不要害怕在这里给自己打 0 分，但是下次你过来打分，要确定给自己打的分数比现在的高。如果你现在得 0 分，之后你能给自己打高点分数的唯一办法是，马上开始寻找至少一位能与你结合成智囊联盟的成员。

属性 4　自立

你想要发现，相对于你主要目标的本质来说，你确切有多少自立能力。

当你在自立这一方面检查自己，你可能需要其他人的帮助。你可能需要你妻子或者是丈夫的一些帮助，亲密朋友的帮助，熟人的帮助。你可以认为你有自立能力，但是你能告诉你有多少吗？你可以准确地查验你的自立，首先通过评估你的明确的主要目标，来看它有多大（如果你有一个明确的主要目标的话）。如果你没有，或者它并不突出，或者没有超越你目前的现状，那么你没有非常多的自立能力，你应该在这个地方给自己打很低的分数。

如果你有适量的自立能力，你将升级你的明确的主要目标，使之超越任何你之前已经实现的成就，你将会变得有决心获取它。

属性 5　自律

成功需要足够的自律来控制思想和心灵。自律支撑一个人的动机直到目标实现。哪种境遇你需要的自律最多？当你万事顺意，每件事都充满希望时，你达到目标了吗？没有，越在艰难的时期越需要自律。在前景不乐观时，你需要的自律是对你思想的管控。你需要知道自己要去哪儿，知道自己有权去到那里，不管路途有多曲折，或者会遇到多少阻碍，你都要下决心达到。你需要足够的自律来支撑你渡过艰难的时期，而不是退出或抱怨。

属性 6　坚持不懈

坚持不懈建立在想赢的意愿之上。你知道一般人在他退出或者决定想做其他事情之前失败过多少次吗？一次？一次是仁慈的了！在开始就思考失败的人，开始对他来说是没有意义的，因为他知道不能做任何事。他甚至没有开始过一次。你可能会有兴趣想知道绝大多数人在开始之前就失败了。实际上他们从来都没有开始。他们想他们可能做的事，但是他们从来没有行动过。你是否也知道在绝大多数人当中，有人的确开始行动了，但面对第一次反对，他们便停止了或者允许自己被转移去做其他的事情。

跟我关系亲密的人（坦率地说）知道我最突出的财产是，除了我的坚韧和要赢的意愿，还有自律。我坚持做一件难事，越是艰险越向前。那就是我不平凡的品质——总是这样，将来也会总是这样。我想说的是，没有这些品质，我就不会完成这门哲学。我就不会使它被宣传得像现在这样广泛，我今晚也不会站在这里为大家做演讲。

你认为这种品质是与生俱来的吗？或者是可以后天习得的吗？你能够获得它，并不难。

热烈的渴望使人坚韧。我从来不敢设想追求伴侣时没有坚韧和热烈的渴望会是怎样。我把更多的坚韧和渴望放在了这个追求上。我不认为你在求偶的路上缺乏坚韧精神还能走多远。要是你把销售自己给所选伴侣的热情转移到获取事业的成功上，或者你的职业上，会怎么样呢？如果你没有尝试过，现在就开始。下次你感到情绪低落或灰心时，把那变成鼓舞和自信的情绪。神奇的事情会发生。它会改变你的整个大脑和身体的化学成分，你会更有效率。

属性7　受引导的想象力

健康发展的想象力是受控制和引导的。这些区别是重要的。因为不受控制和引导的想象力是危险的。我曾经为司法部做过一项调查，我分析了美国联邦监狱里的所有犯人，我发现监狱里的大多数人之所以进了监狱，是因为他们有太多的想象力。但是他们的想象力的结构和发展方向没有受到控制和指导。想象力是神奇的，如果你不控制它，如果你不指引它去一个明确的尽头，它对你来说可能会非常危险。

属性 8　果断

当你手上有了所有事实情况的证据时，你会及时做出明确的决定吗？如果你没有快速做出清晰明确决定的习惯，你就是在岗位上虚度光阴。拖延毁坏了一个人的积极主动性。开始练习发挥个人能动性最好的地方之一就是，一旦你有可利用的所有事实，果断地做出明确的决定。我没有说是基于不完整的证据而做出裁判。我谈论的是对一个特定问题，若你手上有可利用的事实证据，一旦你有，你应该用这些事实依据做出一些行动来。你应该明确地下定决心你打算做什么，不要迟疑不决，像那么多人一样。否则，你会养成在有关的事情上都很犹豫的习惯。换句话说，你不是积极主动之人。

属性 9　基于事实的见解

养成凡事不靠猜测而是依据事实的习惯。对比有多少次你是依靠猜测行动，有多少次你是依据事实行动，在形成你对任何事情的意见之前获取事实是很重要的。你知道为什么你不应该形成关于任何事情的意见——任何时候或任何地点——除非是基于事实？因为这样做会使你陷入麻烦或者引起失败。你可以有自己的意见，我们都那么做。你甚至能在别人没有问你的时候给出意见，我们也那样做。但是，在你能真正安全地表达一个建议之前，你必须做一定数量的研究，为了能使你的见解是基于事实的。

属性 10　适度的热情

属性 10 是有能力随意愿产生热情并能有效控制它。在你开始带着热情做事之前，你要感觉到它，不是吗？你要感觉到这种情绪。你的目标明确，思想因动机而警觉。你用话语和面部表情，或者其他形式的行动表达热情。

行动一词与热情是分不开的。你不能把这两者分开。热情分为两种：消极的热情与活跃受控的热情。

消极的热情是你感觉到但没有丝毫表达的热情。有时候，需要让你的热情冷漠一点，否则在你不想让别人知道你的想法的时候却因为热情不小心把它泄露出去了。

一个伟大的领导者或者一个好的执行官可能会有无限的热情，但是他只在适宜的环境下对欣赏的人展现。他不会像你和我一样始终开启着热情。受控制的热情是在合适的时间开启，然后在合适的时间关闭。你的主动性是唯一能控制热情的，这点很重要的。

关于开启和关闭热情的问题，把它单拿出来分析，使它变成一门精益求精的艺术，你便能够成为一名优秀的销售人，推销出你想出售的任何东西。你听说过有人努力销售他对之没有感到热情的东西吗？你自己曾向他人推销过你没有感到热情的事物吗？你感觉你曾有过，但是你没有。如果你没有感受到那种热情的话，你是不会做成一笔交易的。有人也许会买你的东西，是因为他极需要，不得不买，但是和你基本没什么关系，除非你把那种感觉也传递给了他。

向他人传递热情的感觉，尤其当你推销一些东西，你必须先把它推销给你自己。换句话说，你的热情开始于你自己情绪组成的内部。如果你张嘴说话，你必须是满腔热情的，带有热情说话。你必须把热情表现在面部表情上。带上一个大的微笑，因为没有带着热情微笑说话的人会皱着眉。两种表情根本放不到一块去。

关于表达热情有很多东西要学习，想要充分利用它涉及你的个人能动性。你要自己完成，没有人能够为你做。我只能告诉你如何充满热情，如何来表达它，但是事实上表达它还是靠你自己。

属性 11　宽容

让我们针对思想开明这一主题展开演讲。我的很多朋友都认为他们是思想开明的。我不愿意去告诉他们，他们离那有多远，因为我想维持与他们的朋友关系。但是有谁能保证说自己对所有事都是思想开明的，在所有问题上？我不能。我不是在所有问题上都思想开明的，而是在很多事情上思想开明，在我想思想开明的事情上。

我们在任何环境下对任何人都不应该有任何的态度，除非它是基于一些事情，证明应该持那样的态度。

你对不欣赏的人关闭自己的思想，你知道这么做会使自己丧失多少吗？你不喜欢的那个人也许就是世界上对你最有帮助的人，如果你对他有一种开明的思想态度的话。在一个企业组织里面，代价最高的事之一是在那里工作的人的思想封闭。明白这点很重要。在任何的组织或者公司里面，一些人把思想对另一些人关闭，对机会关闭，对他们为之服务的人关闭，对他们自己关闭。

关于偏狭，人们想的总是有些人因为不认同他人的宗教或政治信仰而厌恶他人。那只是对偏狭的粗浅理解。偏狭延展到每一种人际关系中。除非你形成了对所有问题都保持思想开明的习惯——任何时候对所有人都是——否则你将永远不会成为一个伟大的思想家，也不会拥有有魅力的人格，你当然不会受欢迎。你可以对你不喜欢的人和不喜欢你的人坦诚，只要他们知道你是真诚的，你是带着开明的思想说话的。人们不能容忍的一件事是，当他们识别出他们与之谈话的人思想是关闭的。在那个时候无论他们说什么都丝毫没有效果，不管谈话多么有价值，也不管里面有多少真理。

世界上有很多人如此坚定地对许多事情都思想封闭，以至于你不能用任何办法开启它，如果你活 100 年，你也不会在他们那里获取一点真实的东西。

属性 12　超过预期的付出

当人们被问及他们是否养成了多付出的习惯，有些人会说是，有些人会回答不是。很少有人说他们总是那样。也许至少有时候你付出了超出薪水范畴的更多更好的服务。这需要你发挥个人能动性。没有人告诉你要这么做，也没有人期待你那么做，那完全是属于你的特权。但是，它也许是最重要、最有利的资源之一，你可以利用它来锻炼你的能动性。

如果我来挑选时间、地点和环境，能使你最有利地利用你的个人能动性，毫无疑问它将与多付出法则联系起来，因为你不用向任何人申请特权来那样做。同样，如果你经常性地遵循那个习惯（不只是偶尔一次，因为那样不会有效），迟早增长回报的法则将会为你积累回报，当回报来的时候，它们是会成倍地回来。当你开始把多付出法则当作生活依据的话，你能够期待发生不寻常的事情，并且这些事情都是好的——每件都是。

属性 13　策略性交际

策略性交际涵盖的领域广泛。它甚至包含普通谈话里面的策略。但它是值得的，因为你如果有策略的话，你会更容易取得他人的合作。如果你跟我说我必须要做某事，我可能会说："现在，等一下。"因为即便是我不得不做的事情，你用那种方式向我叙述的时候，我会马上有些抵触。但是如果你这样对我说："如果你能做那件事我会很感谢的。"不同的是，你首先知道你有权命令我去做事，但是你没有用那种说话方式表达。

我刚开始与安德鲁·卡内基先生接触时，我从他那里学到的一件印象最深刻的事是，他从来不要求任何人做任何事情。无论他想让谁做什么事，他从不用命令的语气。他总是问某人是否愿意做某件事。他会说："请问你可以做那件事吗？"或者，"你愿意做另一件事情吗？"你会对卡内基先生的员工对他的忠诚感到惊讶。他们会不嫌麻烦地日夜为卡内基做事，因为卡内基与人相处的策略性。如果他有必要训导某人，他常会把那人单独叫出去给他一份五六成熟的牛排。在用餐之后，他们走进图书馆，摊牌时刻来了，他开始问问题。

卡内基先生计划把他的一位首席秘书预选为他智囊团中的一员。这个将要被提升的青年人知道了这件事。他开始在匹兹堡的鸡尾酒会上游荡，他大量酗酒，夜不归宿。当他第二天来的时候，他的眼睛几乎垂到了脸颊。卡内基默不作声，这种状况持续了 3 个月。之后他邀请这个小伙子出去吃饭。饭后，他们走进了图书馆，卡内基说道："来，让我们交换一下职位角色。我想知道如果你在我的位置上，你有个想要提拔到重要位置的人，突然那个人知道了这件事。他开始找妓女，夜不归宿，酗酒，把太多精力都放在了与工作无关的事情上。如果你遇到这种事情你会怎么做？我迫切地想知道答案。”这个年轻人说：“卡内基先生，我知道您打算解雇我，因此您还不如就那么做吧。”卡内基说：“不，如果我想解雇你，我不会给你一顿美餐，不会把你带出来到我的房子里。我在办公室就可以那么做。我没打算解雇你。我只是想让你问自己那个问题，看看是否你会解雇自己。看看你能否在这个位置找到不解雇你的理由。也许你会更清楚。”之后那个小伙子有了大转变，他确实成为了卡内基的智囊联盟里的一员，他之后也确实成为了一位百万富翁。这件事完全救回了他自己。卡内基的交际策略举世闻名。他懂得如何与人交往；他知道如何让他们自我反省。自我反省对人大有裨益，如果你能做到的话，将会受益匪浅。

自我分析是触及个人能动性最重要的方式之一。我没有一天不反省自己，看看哪里失败了，弱点在哪里，哪里能够提升。每天我都会想我能做什么来付出一些更多更好的服务。每天如此，一直坚持到现在。甚至在今天我还能发现自己哪里可以再提升，哪里可以做得更好，或者如何我能给予更多。这种方式很健康，也非常有趣。因为它会使你对自己更诚实。

不诚实的最拙劣的表现是，创造借口来支撑你的行动和想法。相反，自我反思，发现缺点，然后消除那些缺点，或让你的智囊联盟里的人为你消除。很多人都做不到这一点，因为它涉及自我分析和自我批评。你愿意让别人批评你、指出你的错误，还是愿意自我批评和发现错误呢？

你不用公开你发现的缺点，你可以在别人发现之前改正过来。如果你做，你就做好。但是如果你等着，直到他人提醒你注意的话，那它就变成了众所周知的事。等其他人指出你的缺点，你会尴尬，会伤自尊，甚至会产生一种自卑心理。你积极主动发现自己的缺点和不被他人喜欢的原因，或者你为什么没有像其他人一样，站在领先的位置上。

充分利用个人能动性来对比自己和那些超过你的人，做个对比分析：看一看他们有的什么品质是你没有的。你会惊奇地发现你可以从他人那里学来很多——也许那人是你不喜欢的人。你能经常从比你优秀的人那里学到很多。有时候你也能够从不如你的人那里学到一些东西。你可以发现他没有做好的原因。

属性 14　多听少说

养成多倾听、只在必要的时候说话的习惯。从来没有听说过有谁在说话的时候能学到什么（除了他可能学习不要说太多）。绝大多数人说要比听做得多很多。他们一心想告诉其他人而不是倾听他人，看他人能否从自己的话语中获得益处。多听，只在必要的时候说。先思而后言。

属性 15　观察细节

你有敏锐的细节观察力吗？比如你沿着街走，在街区的尽头，你能准确地描述出你看到的橱窗里的所有物品吗？

有一次我在费城参加一堂课，课上老师强调了观察细节的重要性。他说是小的细节构成了生活的成功和失败——根本不是大的事情，可我们认为小细节无关紧要，甚至会忽略它。当时作为我们培训内容的一部分，老师把我们带出了教室，沿着一条街区走，穿过马路，到达一座单元楼，从后面进入大堂。我们经过了10家商店，其中一家是五金商店，商店的柜台里摆放着至少500件商品。他让我们每一个人拿上笔记本和笔（给我们一个辅助记忆的工具）记录下我们经过的自己认为是重要的物品。猜一下在经过两栋楼后，我们中记录最多物品的数量。我们大概经过了20家商店，记录物品最多数量的是56个。老师没有笔记本和笔，但是他能够列举出746件物品。他描述了每一件商品，并讲出了商品对应的橱窗。我直到下课后才相信他。我原路返回，仔细地复查，证实了老师的记忆是百分之百的准确。他训练自己观察细节。不只是一部分细节，而是所有细节。

一个优秀的行政官、领导者，或者是任何行业中优秀的人，都能够观察发生在他周围的所有事情，无论好事或坏事，积极的还是负面的。他不只是偶尔去注意自己感兴趣的事，他注意每一件可能令他感兴趣或者影响他的事——注意细节。

属性16　接受批评

你欢迎别人批评（指的是善意的批评）你吗？如果你不接受，你可能会错过最好的事之一——有一位定期的、友善的关于你在生活中所做的事情的批评者，至少是在你的主要目标方面。接受批评，如此你才会清楚自己所作所为是否存在冒犯其他人的可能性。当然了，你可以认为所做的事情都是对的，然后你继续做，直到有人让这些事引起你的注意为止。

你需要一种善意批评的资源。我不是说你不喜欢的人批评你只因为不喜欢你而故意挑剔。我根本也不会让那样的人来影响我。另外，我也不会在意溺爱类的过于友善的评论，这两种都是有害的。据说好莱坞的那些明星，在他们开始相信他们的新闻机构时（有的时候他们会相信），他们就离自我毁灭不远了。

你需要有通过别人眼睛看自己的特权。我会使你信服，我们所有人都需要，因为当你沿着马路走，你眼中的自己和别人眼中的你不一样。当你开口说话，在交谈中或者其他场合，别人对你的看法和你自己以为的并不总是一样的。你需要批评和分析，你需要人们向你指出你需要做的改变。只有这样你才会成长。大多人都抵触对自己行为的建议和批评。他们愤恨任何改变他们做事方式的言论。结果，由于这种愤恨，他们不改的结果就是对自己的伤害。

接受友善的、指导性的批评。有人曾说不存在指导性的批评，但是我不那样认为。我不仅认为存在指导性批评，而且我认为它绝对是了不起的。记住无论你做什么，你是谁，你做得多好，你不会从人群中获得百分之百的认可。不要期待那样，如果你没有获得也不要烦恼。

属性 17　忠诚

积极主动的第 17 个属性是对所有应该忠诚的人忠诚。我在书中列举了我想要与之联合的人应有的品质，而忠诚就是其中最重要的品质之一。如果你没有对有权需要你忠诚的人的忠诚，那你什么都没拥有。这和你多么机智，或者你受过多好的教育没有关系。实际上，你越聪明，如果你不对有权享有你的忠诚的人忠诚的话，你就越危险。

你对应该忠诚的人忠诚吗？你想过吗，“好吧，现在，我忠诚吗？”如果你没有，想一下决定你是否想要为此做些改变。我甚至对我不喜欢的人也忠诚，因为我对他们有义务感。要么我和他们在商业上、职业上有联系，要么在家庭圈子里有联系（很少有我特别不喜欢的人）。我对他们忠诚因为我有那个义务。如果他们想对我忠诚，那也可以。如果他们不想，那是他们的不幸，不是我的。我有特权忠诚，我靠那个特权活着，因为我能从中获得价值。

你看，我不得不和希尔这个家伙一起生活，和他一起睡，每天早上都要在镜子里看见他，给他刮胡子，还要不时地给他洗澡。我还要跟他搞好关系，因为你不能和一个联系密切却关系不好的人一起生活。“做真实的自己，不自欺也不骗他人。”莎士比亚从来没有写过比这更好更有哲理的话了。做真实的自己，对自己忠诚，因为你得和自己生活。如果你对自己忠诚，结果就是你将会对你的朋友或者商业合伙人也忠诚。

属性 18　个人魅力

个人魅力对于促成合作尤为必要。它是与生俱来的还是必须靠个人能动性后天获得的呢？你能够获得它。在构成魅力个性的 25 个因素当中，只有一个因素要么是天生的，要么不是。只有一个：个人吸引力。你甚至能为此做些什么。

其他 24 个因素中的每一个都可以积极主动地培养。首先，你要知道自己在每一个特点上能给自己打多少分数。不要自己为自己说话。让你的妻子或丈夫或其他人来告诉你。

有时一个敌人会让你明白你的失误在哪里。偶尔有对手也是好事，因为他们不怕得罪人。结果是你将会学到有价值的东西。你将学会的一件事是，你能确保他们所说的话不是真的，就这样心胸坦荡地向前走，他们说的所有关于你的事情都是诽谤的，不会是真的。那是一个优点，不是吗？不要害怕不喜欢你的对手，因为他们可以说一些关于你的事，那会使你发现一些你需要了解你自己的东西。

多年以前，有一个销售员来见我。他对我说，他已经在公司工作10年了。在那期间，他有很棒的记录，升职过好几次，也没少赚钱。然而，在拜访我的6个月前，他的销售事业开始呈现下滑趋势。过去常常给他生意的消费者对他表现出了不赞同。我注意到他戴着一顶得克萨斯州买的帽子，我问他："顺便问一下，你戴那顶帽子多久了？""呦，"他说，"大概6个月之前，在得克萨斯州得到的。"我问："小伙子，你在得克萨斯州卖东西吗？"他说："不是，我不经常去那儿。"我说："好吧，只有当你去得克萨斯州的时候再戴那顶帽子吧，因为你的其他顾客不喜欢那顶帽子，因为你戴着看起来并不怎么样。"他说："那会有什么影响吗？"我说："你会惊奇于它会对你的个人形象造成多大的影响。有些人不愿意和你做交易，只是因为他们不喜欢你的形象。"

你能为你的个性做一些事。你发现自己有会引起别人不愉快的特性，你可以改正。你必须得发现你自己，或者你得有足够坦诚的人为你做这件事。

属性 19　专注

养成充分集中注意力做一件事情的能力。当你开始做一个主题立论时，从测探它的正确性开始一直到最后的分析结论，然后，再继续到你的下一个论题。不要试图同时着手几个论题，这样会导致每一个都做不好。在你的人际关系中，也容易犯那样的错误。无论做销售、公共发言，还是其他什么事情。这种错误我在过去常犯。幸运的是，有一个人来到我的身边提醒了我，我认为没有哪个公共演讲里的话比他说的话更有价值了，并且还是免费的。他说："你英语说得非常棒，你的热情有不可思议的能量，你的阐释丰富有趣。但是，你有一个坏习惯，说到与主题立论没有关系的事，就偏题了。稍后又回来拾起那个主题立论——而此时，大家对主题的兴趣也就变淡了。"下面请你给自己在这个能力上打分，每次集中全部精力在一件事上。不管你在说话、思考、写作，还是在教学，等等，一个时刻集中注意力做一件事。

属性 20　从错误中学习

养成从错误中学习的习惯，如此你可能会不再犯错！如果那不是自明之理，请告诉我那是什么。我没见过哪个人一遍遍地犯同样的错误。中国有句谚语："我被一个人愚弄一次，羞耻在他；被愚弄两次，羞耻在我。"因为他们看起来根本没有从错误中学到什么。

属性 21　为下属承担责任

愿意为下属的错误承担全部责任是很重要的。如果你有下属，他们犯错了，是你失败了而不是下属。要么培训他们如何把事做对，要么把他放到不需要你监管的工作岗位上，换人来做那个工作。隶属于你的人，他的工作责任在你。

属性 22　赞扬他人

成功的人有充分认可他人优点和能力的习惯。如果一个人工作完成得很好，给他充分的赞扬，给他双倍的信任，给他获得更多的而不是更少报偿的资格。当你知道他工作完成得很好的时候，一个小的赞扬从来不会伤害任何人。

最成功的人习惯认可他人，有时人们更多是为了得到认可而不是其他的原因而努力工作。但是不能奉承他们。他们清楚自己的能力，如果你言过其实，他们会开始怀疑你。然而，有很多人是可贿赂的，尤其是商业奉承。你能够奉承他们，他们也会开始相信。不幸的是，那对他人对你都不好。有一本书畅销全国，它的主题是，如果你想与世界相处得不错，赞美人。奉承不仅是世界上最坏的武器，它也是最致命、最危险的武器之一。现在，我喜欢被认可的感觉。我喜欢人们偶尔知道我，恭维我。我很享受。但是如果他们中有人说，“现在，希尔先生，我感激你为我做的一切。顺便问一下，你介意今晚我来找你吗？我想要跟你谈论一个商业提案。”我马上怀疑他赞扬我是为了获得我的时间，从我这里获得一些好处。太多的奉承和恭维不好。

属性 23　黄金法则

在所有的人际关系中运用黄金法则。你能为自己做的最好的事情是把自己放在他人的位置上。当你做任何决定，或者与他人进行任何交易，在做决定之前，换位思考。如果你这样做，很可能你将会与他人做很多对大家都公平的事情。

属性 24　积极的思想态度

已经说了很多关于积极思想态度的内容了（参考法则 7 来更全面地学习积极的思想态度）。

属性 25　承担责任

接受你所运作的任何事务的责任。不要有任何的托词、借口。大多数人都擅长的一件事是找借口，为自己的失败、没有完成的工作，或者没有兑现的承诺找理由。如果制造借口的人能花一半的时间在做正确的事上，或者努力正确地做事，那么他们在生活中会收获得更多，也将会过得更好。通常来说，最擅长找借口的人是在工作中最没有效率的人。这种人编造一个借口，或者提前想好，以便于如果他们遭到质疑时，能有个回答。

只有一件事是值得思考的，那就是成功。我曾写过一句话，放在这里比较合适：成功不需要解释；失败不接受借口。如果它是一个成功，你不需要任何解释；如果它是一个失败，所有的借口和解释都不会带给你任何好处。它仍然是个失败，不是吗？

属性 26　专注于想要的事物

保持自己的思想被自己的渴望所占据。在绝大多数的例子当中，人们思考不想要的事物时不需要发挥个人能动性。他们想着他们不想要的事物，那就是他们从生活中获取的。

这里就是那个词“转变”能够发挥作用的地方了。取代思考你不想要的、恐惧的、不信任的和不喜欢的事物，而去思考所有你喜欢的、想要的、决心要获得的事物。

法则 7

心态健康

成功法则中最重要的法则之一是法则7,心态健康——积极的思想态度。它是理解和运用这门哲学的关键。没有理解和运用这个法则，你就不能在其他16条法则中获取最大的效益。用心来听这个演讲，真正地把这个法则内化成你的一部分。

在这个演讲中，希尔博士列举了很多养成和使用积极思想态度的因素。记下它们，这样你能够随时参阅。特别令人感兴趣的是，希尔博士展示了7种基本的恐惧：恐惧贫穷、恐惧批判、恐惧生病、恐惧失去爱、恐惧变老、恐惧失去自由和恐惧死亡。

希尔博士也强调了两个会受到大自然严厉惩罚的事物：一个是空虚，另一个是懒惰。

思考一下懒惰的代价：如果你把一只手臂拴在你的身上，固定一段时间，它将会萎缩，最后变得没用。思考一下空虚的代价：如果你不调控思想的力量，如果你让大脑无所事事，对外部的影响开放，它会被填满负面思想，像水中漂叶，随波逐流。空虚是失败种子繁殖的肥沃土壤。

有一个伟大而简单的真理：成功吸引更多的成功，失败吸引更多的失败。带有负面的思想态度，你就相信恐惧和失败，你的思想将会吸引你去体验它们。但是带着一种积极的思想态度，你能够使你的大脑相信你有权实现你渴望的富有，你的信念会万无一失地带着你走向它们。

有5种不同的思想状态促成了一种积极的思想态度。换言之，积极的思想态度有5种初期形式：愿望、希望、热烈的渴望、运用信念和行动。

1. 以愿望开始

每个人都有很多愿望。他们有各种各样的愿望，也为其他事情祝愿。我们每个人都有愿望。哎，那只是愿望，没有什么事情发生，不是吗？好吧，你只许愿当然不会有什么结果了。你无所事事，花了大把的时间去好奇一些无关紧要的事情。你认为任何发生的事情都值得你去好奇吗？然而，有些时候，你能够消耗很多时间在无聊的好奇上，不是吗？比如你花很多时间研究邻居做了什么或没做什么，你的竞争者做了什么或没做什么。它们都是出于无意义的好奇。那不会促使你形成一个积极的思想态度。

2. 愿望促成希望

愿望向前迈一步就变成了希望。当你的愿望变得更具体，就会变为成功的希望。获得的希望，完成的希望，积累你想要事物的希望。然而，希望本身是没有效果的。我们都有一堆希望，但不是所有人都能使希望变为成功。我们只是希望成功。希望比愿望要好。因为希望和愿望的不同在于希望是信念的开端。你把一个愿望转变成非常渴望的思想状态，称作信念。

3. 希望激起热烈的渴望

你的思想态度从希望上升到某种程度便转变成了热烈的渴望。热烈的渴望不同于普通的渴望。它是希望的强化形式，它基于目标的明确性。在这方面，热烈的渴望实际上是一种痴迷的渴望，由动机给它提供能量。没有一个或很多动机的支撑，你就不会有一个热烈的渴望，明确的动机越多，你就能越快地把情感转化成热烈的渴望。然而，那还不够，在你确保成功之前还要有另外的思想状态。

4. 运用信念

如果你转变愿望、无所事事的好奇、希望，甚至是热烈的渴望，你把所有这些上升到更高的层次，那就是运用信念。在事物中，运用信念和普通信念有什么不同吗？

5. 行动

运用是行动的同义词。你也可以说践行信念。运用信念与践行信念是一样的：行动支撑信念，你是为信念做一些事情。祈祷只有在用积极的思想态度表达时，才会带来好的结果。最有效的祈祷是由那些控制自己的思想习惯，用积极的态度思考事情的人表达的。

你清楚自己有多少时间在想负面的事情，有多少时间在想积极的事情吗，做过对比吗？制作一个两三天时间对比的表格，记录准确的时间量。记录你花在思考生活中不能做的事和可以做成的事上的时间，或者用在积极面和消极面上的时间，不是很有趣吗？甚至是最成功的人，当他发现每天有多少小时是花在了负面的事情上时，也会感到很吃惊。世界上最杰出的成功者，是那些花非常少的时间，如果有一点的话，想负面的事。最伟大的领导者把所有的时间都用在了思考积极的一面上。

我曾问过亨利·福特先生，世界上是否存在他想要的或是想要做的而他却做不到的事情，他回答说没有，他不相信存在这样的事情。我问他之前是否有过，他说有过，在学会运用他的大脑之前有过。我说："您说那话指的是什么呢？"他说："当我想要一个东西，或者想要做一件事情，我开始发现关于它我能够做什么然后开始做能做的，我不困扰我不能做什么，因为我把它放在一边。"那句话包含了很多哲学道理。他把思想放在做一些他能够做的事情上，思考能做的事，而不把思想放在他不能为之做出什么改变的事情上。

我想如果你陈述一个问题——一个难题——对大多数人来说，他们会立即开始说这个问题不能被解决的所有原因。如果关于一个有利弊两面性的问题，很多人都会先看到无利的一面，从来不会先看好的一面。我不相信存在你无能为力的问题，或者一点有利的条件都没有的问题。我认为没有一个我可能会遇到的问题是没有一个有利的条件来开始做的。如果是我能解决的问题，我就会去解决，如果是我不能解决的问题，我也不会挂虑。但是，当大多数人遇到了他们不能解决的困难问题，他们开始担心，他们的思想开始朝着消极的状态转变。以那种状态，是不能完成任何事情的。

做点值得的事，你要学会使思想始终保持积极的状态。**积极的思想态度吸引机会，负面的思想态度驱逐机会。**你也许对生活中所有美好的事情都有权、有资格享有。但是，如果你有负面的思想态度，你将会驱赶获得这些事物的机会。因此你要做的是保持思想积极，如此，它会为你吸引你渴望得到的东西。

你有没有静下来思考过为什么祈祷通常不会有什么作用——除了一个不好的结果？你有没有感到好奇呢？我认为所有信仰宗教的人的最大障碍是他们不知道为什么有时祈祷的结果是负面的。你不能期待什么，因为有法则在管控着。这个法则就是你的大脑为你吸引来它被灌输的思想的对应物。这个法则没有例外。它是一条自然法则，对任何人都没有例外。因此如果你想要吸引（以祈祷或其他方式）你渴望的事物，你要有积极的思想。你不仅要相信，而且还要用行动支持，然后把渴望得到事物的思想转送到信念里面——运用信念。你不能在消极的思想状态下运用信念，二者是不相融的。

承认日常环境对一个人维持积极的思想状态有非常大的影响，经常使用建设性的座右铭。R. J. 莱图尔诺公司有着两千余名员工，公司把打印版的警句放置在所有部门，每周更换，目的是使所有员工变得积极。在这个规模宏大的公司的每一个部门都会定期地轮流放置那些警句，有时是放在食堂。警句中的字有半英尺高，即使站在一座楼距离远的位置你都看到它。相信我，每一次员工们走进他们的部门或单位，他们都能看到警句。顺便说一句，我们对他们做了一个非常有趣的实验。一天，当一条警句被放置的时候我站在食堂门前。这个食堂是所有人中午排队取餐的地方，我们能够在一个时刻或者当天的另一时刻观察到他们。食堂餐厅的警句写着，“记住你的真正老板是在你帽子下面四处走动的人。”它意味着你才是最后的老板。我听见有人用印第安语喊着说：“孩子，那就是我常说的。我总是知道我的工长是一个讨厌鬼。”

朝着转变前行

有种方法可以化失败为成功，转贫穷为富有，使悲伤成欢乐，把恐惧变相信。就是转变。转变必须以积极的思想态度开始，因为成功、富有、信念不会和负面的思想态度为伴。转变的步骤是简单的。如下就是，你可以经常复习这块的内容，直到完全理解。

1. 当你遭遇失败，开始把它当作成功一样思考。对很多人来说，这看起来难做，但是它真的不难。思考要是它是一个成功而不是一个失败的话，会发生什么。当作是在成功的情况下看自己，而不是失败。把失败的环境想象为是成功的。开始寻找失败中存在的对等益处的种子——伴随每一个失败的——那就是你将能够把失败转变成成功的地方。因为每一个逆境，每一次失败，都带有对应利益的种子。如果你发现那粒种子，你就不会采取负面的思想态度来应对目前的环境，你会采取积极的思想态度。因为你确定你发现了那粒种子。第一次你可能没有发现它，但如果你保持寻找的话，最终你会发现它的。

2. 当你感受到了贫穷或者贫穷带来的威胁，开始把它想象成富有，然后设想拥有财富和所有你想用真实的财富去做的事。开始寻找与贫穷对应的利益。记得在我的孩童时期，我坐在我出生的怀斯县城的一个小河岸边。在我的生母去世之后，继母到来之前，我是吃不饱饭的。我没有足够的食物。我坐在岸边想，要是我能抓到一些鱼，然后就有吃的了。不知道什么使得我去这么做，我闭上双眼，去看未来。我看见我自己走远，成为著名的、富有的人，然后骑着马回到了这个地点。那是一匹由蒸汽驱动的机器马。我能看见蒸汽从马的鼻孔里冒出来，我能够听见马蹄踢着岩石的声响，画面栩栩如生。换句话说，我在贫穷、需要、想要和饥饿的那个时刻，让自己入迷于那种状态。

多年以后，那个时刻到来了，我开着劳斯莱斯轿车回到那条小河岸旁，这辆车花了我 22500 美元。我开着我的劳斯莱斯轿车回到那里，我再次回想起童年的场景，我在贫穷、想要和饥饿中对未来的想象。我说："我不知道自己早年的想象和现在有没有关系。也许它有关系。"也许我一直怀有那个希望，最后我把那个希望转变成了信念，最后那个信念不仅给我带来了蒸汽马，还有比蒸汽马更有价值、更贵重的东西。

期待并想象你想要做的事。把不利的环境和苦难转变成令人愉悦的事物，我的意思是，通过那样做，把你的大脑从想不愉快的事情转移到愉快的事情上。

3. 当恐惧要控制你，记住恐惧只是信念的对转齿轮，开始思考信念，把信念转变成你渴望的环境和事物。我不认为有任何人曾经或某一时候能逃脱过七种基本的恐惧，很多人一生都有那种经历。如果你允许恐惧占据并紧咬你的话，它不仅会变成习惯，它还会给你吸引你不想要的事物。你要学会处理恐惧，从思想上把它转变、转型或者改革成它的反面——信念。

如果你恐惧贫穷，那就往富裕和金钱方面思考。想你赚钱的方法和途径，想你赚到钱后用它做什么，白日梦是没有尽头的。做你将赚到钱的白日梦远比你害怕你知道你已经有的贫穷好得多。悲叹你很穷或者你需要钱或者你不知道如何赚钱，没有一点好处和用处。

世界上不存在任何我需要的用钱能买到却买不来的东西，如果我想要的话。我不想我不能获得，我想我能获得，我那样做很久了。控制思想保持在积极的状态是很奇妙的。当你遇到一个需要运用积极思想行动的境况时，你就会习惯用积极的方式处理，而不是消极的方法。

你只是有这样的愿望是不会获得积极的思想态度的。就像编绳子一样，一次一缕，日复一日，积少成多。你不能一夜之间就获得它。

有用的隐形指导者

在想象里创建一支隐形指导者军队，能够照看你所有的需要和渴望——它们就在那里。你听我说过我的隐形指导者，如果你没有领会这门哲学，你没有理解这个形而上学，你大概会说，那是我设计出的很有趣的系统。我会使你相信它不是一个有趣的系统。我会使你相信它照看我的所有需要和我所有我想要的事物。我得承认上一周，我不小心感冒了，低沉了一两天。但是我从中得出一个道理，就是马上去找负责照看我身体的指导者求救。他在我的肋骨里面睡着，我戳了它一下，让它醒来，相信我，我现在比我们开始这门课之前精力更充沛了。因此那个小感冒对我来说是件好事，因为这件事使我对身体健康指导者表达感激，不能忽略它。

我充分意识到这些指导者是我用想象力创造出来的。我没有和自己或其他人开玩笑。但是，对所有实用性的目的，它们代表了真正的实体和真正的人。每一位都完成了我交给它的精确任务，一直这么做。

指导身体健康

这些指导者的第一位是身体健康指导者。你想为什么我会把它排在第一位呢？一个健康强壮的身体是思想的圣堂，身体必须是健康的，它必须得充满能量。如果没有能量的话，你不能从什么都没有中制造出什么来，因为你要有储存的能量。能量是身体和思想的本质。我不知道有谁能在满身都是病和疼痛的时候表达强烈的热情。

你的第一责任就是对你身体的责任。身体无时不刻都在对你的需要做出反应，和做该做的事。比起白天你能做的，晚上你需要更多的帮助来为身体做些服务，因此当你躺下的时候，给身体一个调整。你要让这个被训练的叫作身体健康指导者的人去做那项工作，去监管身体正确地完成工作。

指导金融繁荣

第二重要的指导者是金融繁荣指导者。你知道有谁能够在没钱的情况下为别人做出很大的服务？没有钱你能过多久？你必须要有钱。你必须得有金钱意识，你通过创造这个指导者来给你一个金钱意识。

然而，我的指导者是如此的受控制，以至于他不赚钱。我的上帝啊，我不允许他那样！我也不允许自己变得贪婪想要大量的钱，或者太在意获得钱。我会适度关注。我知道有人因为把自己太多的努力放在计算他们不需要的、不能用的钱上，花费太多精力而英年早逝。它起到的唯一作用是，在他们去世后，子孙们为财产分割而争执不休。那种事情不会发生在我身上。我想要的很多，但不是太多。

我的金融指导者帮我看顾我的需要，当充足的时候，我就会停下来。

获取钱财对于很多人来说，变成了他们的一个恶习。你说：“嗯，我将会先赚100万，然后就停下来。”我记得当平·克劳斯贝对他的兄弟（同时也是他的经理）宣布他们赚到50000美元时候就够了，他们就停止。现在他们每年赚的钱都超过了100万美元，他们仍然在参与激烈的竞争，比以前还要努力工作。我这么说并不是在贬低他们。平·克劳斯是我的一位朋友，我也很钦佩他。我指的是所有太过于在意他们的物质需要的人。

这是一门关于经济成功的哲学，但获取成功不需要以毁坏你的生活和付出年轻的生命为代价。获得的足够了就停下来。更好地利用你现在已经获得的，而不是努力获取更多的你可能根本利用不到的东西。《圣经》里有很贴切的描述。我不会逐字翻译它，但它基本大意是，“任何事物不要太多，也不要太少。”既不太多，也不太少——每个事物刚好足够就可以。明白什么是足够而不是太多，是这门哲学带来的一个恩惠。它能给你一个平衡的生活。

指引心神平静

如果你拥有世界上的每样东西，得到所有人的仰慕，如果你没有心神上的平静，那么你得到的好处是什么呢？我有特权与这个国家有史以来最杰出的、最成功的、最富有的人密切接触。我在他们的房子里过夜，认识他们的妻儿以及家族成员。我看见过他们过世后，他们的孩子经历了什么。我知道学会过一种平衡生活的重要性，那会成就你的职业（或者你的日常劳作，或者无论什么你正在从中获取快乐的消遣）和有心神上的平静。

我常说现代文明和社会文化的一个罪恶是很少有人从事喜爱的

劳作，做自己喜欢做的工作。很多人是不得不为了温饱而从事那份工作。让我告诉你，当一个人获得一个职位，能够以喜爱的名义做一件事的时候——因为他们想要做那份工作——他们是真正幸运的。除非你学会大部分时间都保持一种积极的思想态度，否则你永远不会获得那样的职位。

在所有我认识的杰出成功者中，只有一位我可以略微说一下，约翰·巴勒斯（美国伟大的自然文学家，主要事业是：体验自然，书写自然），他是唯一一位最接近心神平静的人。第二位最接近的是爱迪生先生。我把卡内基先生排在第三位，我将会告诉你为什么。在他的晚年，他实际上把他的思想用来找方式方法，把自己的钱财奉献给不会引起伤害的地方。在他生命的最后日子里，他最着迷的事情是当他还活着的时候，把他的哲学组织好，交给世人。他想要他的哲学给人们提供知识，凭此人们可以获得物质财富。那就是他最想要的，比世界上的任何事物都想要。不幸的是，卡内基先生在1919年去世，在我把这门哲学写成文字之前，在我写关于这门哲学的第一本书前，他和我检查（仔细复查）十七条法则到第十五条的时候，他去世了。

我总是遗憾有两个人没有能活到看着我成功，因为他们看到的是在过去那段日子里，灰心并遭受反对的我。这两个人分别是我的继母和我的赞助者安德鲁·卡内基先生。那将会是我的最大快乐——对我终生努力的足够补偿——如果这两位伟大的人能够看到他们亲手造就的结果。我不是很确定他们现在是否就在我的肩膀之上看着我。

有时我确定有人正在我肩膀之上看着，因为我说的和做的事情超出了我正常的智力。近年来我更是感觉如此，我做的可能被称作光辉或光荣的事总是由那个人做的，他就站在那里，在我的肩膀之上看着。在任何需要做决定的紧急时刻，我能感觉到那个人在告诉我做出什么样的决定。我几乎想象他本人就在那里。要是我只有那五六百位与我合作之人的帮助的话，我就根本不会完成这门哲学。那还不够。相信我，我拥有的比那多。我没有说过关于它的任何事情，因为我不想让人感觉到我曾经被帮助过，或者我有其他人不能有的优势。

我最诚实的想法是，我没有任何你们不能拥有的事物。不论我利用什么样的激励资源，你们都能同样拥有。就像我能够利用的一样，你们也能利用。

指引希望和信念

我把希望和信念看成是一对孪生胎，如果你的灵魂里没有希望和信念的火焰在燃烧，你的生命能有多光辉？就不存在值得为之工作和活着的了，不是吗？

你要有一个指导者来保持你的思想积极，抵抗所有会毁坏希望和信念的事物。人、环境，所有你不能控制的事情突然出现在你的生活里，你要有一套系统作为对抗手段来抵御它们。我知道没有比我采用的这八个指导系统更好的了，因为它们对我起作用了。我把它们传授给很多人，使这八个系统像为我工作一样能为他人工作。

指引爱与浪漫

另一对孪生胎是爱与浪漫的指引。我不相信任何事务值得完成，除非你把要做的事情浪漫化和理想化。如果你不在你所做的事情里加入一些浪漫，你的行动不会给你带来快乐。如果你心中没有爱，你就不是人类，因为人与低级动物的区别是人有表达爱的能力。是伟大的爱缔造了天才和领导者。爱是健康的建造者和维护者。拥有爱的能力就是拥有了与天才接近的特权。爱与浪漫这两个指导者协同工作，使我友善地对待我所做的事情，并保持我身体健壮、思想活跃。相信我，他们确实会那样。他们不仅使我身体健壮和思想活跃，他们还使我充满热情，热衷于我所做的事情而不感到乏味。换句话说，不存在苦差事一说，因为我不是在做苦工，而是在消遣。做每件事都是一种充满爱的享受。

学会过一种简单的生活，成为一个人而不是一件不活动的衬衫或者其他的你不想成为的事物（没有人真正想要那样）。学会把爱与浪漫带进生活，学会构建一个可以凭借的系统，凭此爱和浪漫将会在你做的每件事中表达自己。

指导全面的智慧

指引全面的智慧是其他七位指导者的审计官。它的职责是使其他七位指导者保持积极活跃，永远在为你服务。这个指导者调整你适应生活的各种环境，愉快的或者是忧伤的。我可以真实地说，我会从每件事中获利。遭遇的事越不好，我从中就越有收获，因为我双倍地挤压它们确保不会是其他的东西，只能是快乐。

积极思考的障碍

由于不愉快的经历和其他对立的关系——积极思考的障碍，保持积极的思想态度的代价是要永远警觉。

1. 负面的力量操作、控制你。在你的身体里始终有很多存在物，不断地操作来获取驾驭你的力量，目的是把你带到生活的负面上来。你要时刻警觉，保持不受控制。

2. 积累的恐惧、怀疑和自我施加的局限。你要不断地对付它们，以防它们比你强大，变成你思想里的主导影响。

3. 消极的影响，尤其是消极的人。负面的影响包括负面的人，你与之密切工作或一起生活的人——甚至一些是你的亲属。如果你不小心的话，你有可能会变得和他们一样消极。也许必然要和消极的人住在同一屋檐下，但是你不一定要变得像他们一样消极，只是因为你和消极的人住在一起。我会承认，对你来说，不受他们的影响会有点困难，但是你能做到。我已经做到了。圣雄甘地做到了。

4. 天生负面的特性。有一些特性是你天生就有的。一旦你发现并知道那些特性是什么，它们就能够被转变成积极的特性。我相信有很多人出生就有负面特性。例如，一个出生在贫困环境里的人，他的亲属和邻居都很贫困。从出生开始，他看到的、感受到的、听闻的都是贫穷。那就是我出生的环境，一件最难做的事就是战胜对于贫穷的天生的恐惧。

5. 担心缺钱，担心事业、职业没有进展或者生活中有紧急情况。你要么把时间花在担心事情上，要么想出方法来克服那些担心。想一下积极的一面而不是消极的一面。担心负面的事情不会有任何作用，除了使你陷得越来越深。

6. 得不到回应的爱和与异性的情感烦恼。你不要像很多人那样让没有回应的爱情琐事破坏你思想的平衡。这完全取决于你怎么做，保持一种积极的思想态度，认可你的第一要务是你自己。能够控制你自己，不允许任何人，在感情上或者其他方面扰乱你的平衡。

上帝没打算让事情那样发生，你也不应该让事情那样发生。

7. 健康问题，要么是真的，要么是想象的。你会经常担心你以为可能会发生在你身上的健康问题，但从未发生。在医学上，我们把这种现象叫作疑病症——那是花 2.5 美元挂个号与医生说几句话的事。好吧，它原来是 2.5 美元，但是现在翻倍变成了 5 美元，有时还会超过 5 美元！

如果你对自己的健康没有一种积极的思想态度的话，或者如果你没有健康意识的话，你大部分时间都会是消极的。你的思想态度和你的身体健康有很大关系。任何时候都可以尝试。你感觉不好的时候，有几条好的消息来了，你身体有多快就恢复了？这个好消息把你原来的身体感觉驱走了。

8. 偏执和思想封闭。偏执和思想封闭给一些人带来了很多麻烦，使人有着负面的思想态度。

9. 贪婪超出实际需要的物质财产。这又是关于积累的问题，贪婪会让人付出代价。为了有积极的思想态度，你必须克服它。

10. 缺少明确的主要目标。

11. 缺少引导生活的哲学思想。你知道大多数人没有人生观吗？没有人生哲学，他们投机生活，随遇而安。他们就像随风飘荡的枯叶，风的方向就决定了叶子的方向。他们自己不会主动做什么，也没有要遵循的规则。相信运气，相信不幸，不幸是大体上的规则。你应该有赖以生存的哲学观。有很多好的哲学你能够作为生存的依据，但是我有更多的兴趣在我们所要学习的内容上。

这是一门你能够凭此生存的哲学，一门让周围人喜爱你的哲学。你的存在让他们感到很开心，你也很开心。你不仅享有富足、满足，还有心神的平静，而且你也能把你享有的这些反映给与你接触的人。这是人们应该活着的方式。这是人们应该有的凭以生存的思想态度。

12. 让其他人为你的想法行动。如果你想让他人为你的想法行动，你将不会有一个积极的思想态度，因为你不会有你自己的思考。

十二种极大的长久财富

每个人都渴望富有，但不是每个人都知道组成长久财富的因素有哪些。有十二种极大的长久财富。我想让你了解自己，因为在任何人变得富有之前，他们必须有一个关于所有这十二种极大的长久财富的平衡比例。我想让你注意到我把金钱排在了第十二位，因为对于平衡的生活方式来说，其他每一种都比金钱重要。

1. 积极的思想态度

2. 健康的身体

3. 和谐的人际关系

4. 解脱恐惧

5. 对未来成就的希望

6. 运用信念

7. 分享他人幸福的意愿

8. 从事喜爱的工作

9. 对所有事务保持开明的思想；对所有人的宽容

10. 绝对的自律

11. 理解人的智慧

12. 金钱

法则 8

自我约束

有权富有的第八条法则是自我约束——自律法则，但它并不是像你正常认为的那种自律。希尔博士给这一重要的财产一个非常具体又深刻的定义：占用你自己的思想。你唯一能完全控制的就是你的思想。养成控制你自己，控制你自己的思想的习惯，专注于你想要的事物，忽略你不想要的事物，是获取成功的关键。如果你不控制你的思想，你就不能控制你自己的行为。

简单来说，自律法则教会你如何去控制，使你先思考后行动。通过运用这个法则，这门哲学的每一条其他法则产生的力量都得到强化，为日常的实际运用做准备。你能够释放的力量和你能够获取的利益是无限的。一旦你理解和运用你生活中的自律法则的话，希尔博士将会帮你运用你的潜能。

第一个版本的成功学著作很大程度地包含了我的一篇文章——《生活的挑战》。文章里所说的生活的挑战，指的是我对整个职业生涯中经历的一次最糟的失败的对抗。它阐释了我是如何把环境从不利转变成有用的。当遭遇了这样的境遇，我有真正出来作战的原因——我不是说精神或者口头上的作战，相反，是身体上的作战。在那种境遇下，我带着左轮手枪从松树后面射击便解决了问题是完全可以的。但是相反，我选择用一些不伤害别人又对自己有利的方式。我选择通过这篇文章表达自己，文中是这样说的：

> 生活，你不能制服我，因为我拒绝把你的原则看得过重。你试图伤害我时，我微笑面对，微笑不懂得痛苦。我感激从你那里获得的欢乐。你的苦难从来没有使我泄气或者使我害怕，因为我灵魂里存在微笑。一个暂时的失败不会使我沮丧。我简单地为失败配乐编歌。你的眼泪不是为我而流。我更钟情于微笑，我用它替代悲伤、痛苦和失望。生活，你是一个善变的魔术师，别否定。你把爱的情感装在我的心房，这样你可以用它当作荆棘来刺我的灵魂。但是我用微笑躲开你的陷阱。你试图用对金钱的渴望来诱惑我，但是我不会被你愚弄，相反，这样会扩大我的视野。你引诱我来建立美好的友情，然后把友情转变成敌人，你这样来伤我的心。但是，我微笑着远离你的企图，用自己的方式选择新的朋友，避开你的易变无常。你让人在商务中骗我，因此我变得多疑，但是我又赢了，因为我拥有一个没有人能够偷走的珍贵的资产：自己的思想的力量，做自己。你用死亡威胁我，但是，死于我来说，只不过是一个平静的长眠，睡眠是人类除了微笑以外最甜美的事情。你在我心中点燃希望的火焰，然后又泼水把它浇灭。但是

我又重新点起火焰战胜了你，我又再一次嘲笑了你。生活，在我看来，你是被击败的，因为你没有任何方法能够诱使我脱离微笑，你也是无力的，不能让我屈服。我是赢家，为微笑举杯庆祝。

自律之积极应对

受到一个本应该对你忠诚的人的伤害，你很容易用一种报复的情绪来对抗这种不愉快的经历。然而，这种行为是不自律的表现。如果你堕落到报复那些诽谤你、污蔑你，或者欺骗你的人的话，你还是没有真正了解自己的能力，也没有找到运用自己的能力去获益的方法。不要那样做，因为那样只会自贬身份。

有一种更好的保护你自己抵抗所有伤害你的人的方法。我努力给你一种更好的武器。如果你相信我的话，从来不允许任何人把你拖到他们的思想水平，你将会发现这个自律原则将会把你带到你希望在与人交往中应有的思想水平上。如果你想要提升你的水平，那就对了。如果你不想，让你的水平和别人一样，那样也没有错。建立自己的高度，站在你的水平面上，任可能的事情发生。我有一个更好的保卫自己的方法：我用思想。我知道用思想去防卫。

当编辑从我的书里选择《生活的挑战》这篇文章第一次出版的时候，我说："好啊，我想让每个学生都有一本，因为我想告诉他们这篇文章背后的故事。"这篇文章很大程度上是因为甘地对我的哲学感兴趣，并且使它在全印度出版。这篇文章已经影响了数百万人，还将会直接或间接地影响数百万还未出生的人。不是这篇文章的光辉，而是支持它的思想的价值。

当你以一种生活不能征服你的方式去应对生活中不愉快的事时，就没有人能征服你。当你的灵魂里充满欢笑，你的思想水平就会离上帝更近。在灵魂和脸上带有微笑是很美好的。你就不会没有朋友，你就不会没有机会，你就不会没有办法来对付那些不懂得微笑的人。

自律之自我暗示

自我暗示是对自己的建议，自我暗示把主导的思想传递给潜意识，如此，自律行为变成了习惯。

发展自律的起点是明确的目标。你会注意到每一堂课都包含明确的目标。它像大拇指一样，站在所有成功和每件你要做的事情的起点位置。无论它是好的还是坏的，你能确定所有事情都以明确的目标开始。

重复一个想法的原因是什么？例如为什么你要写下你的明确的主要目标，记住它，日复一日地作为惯例来复习？为的是让它进入潜意识，因为潜意识会习惯相信它经常听到的。你能够一遍又一遍地告诉它一个谎言，直到你都不确定那是谎言还是事实，潜意识也不知道。我知道有人那样做过。

自律之执迷渴望

执迷的渴望是实现明确目标的强大动力。首先让这种渴望进入你的思想，看它在生活环境里的具体体现。

比如，你有执迷于渴望有足够的钱来买一辆凯迪拉克轿车。现在，你可能开着一辆福特汽车或者不如福特牌的汽车，你想要辆好的、新的凯迪拉克，但是你没有足够的钱买它。你会做什么？你做的第一件事是去凯迪拉克店，拿一本带有新模型图片的目录册，浏览一遍，挑出你想要的模型。每次你开着福特轿车上路，就在你启动之前，脚离开油门，眼睛闭上一会儿，你看见自己坐在一辆很棒的新的凯迪拉克里。你给它加油，它便在马路上跑起来，现在就想象你已经拥有了那辆凯迪拉克。知道你拥有了那辆凯迪拉克。你没有真正的拥有它，但是每次，你就站在凯迪拉克旁边。这听起来是无稽之谈，但是我能使你相信它不荒谬。我就是那样对自己做的，然后那番话，把我带进了我的第一辆劳斯莱斯轿车里。

我来告诉你我是如何获得我的第一辆劳斯莱斯轿车的。一天晚上，我在沃尔多夫—阿斯托里亚酒店的一间房间里对自己说，我打算在下个礼拜结束之前拥有它（尽管我在银行没有足够的钱可以取出来买它）。好吧，就坐在听众席的我的一个学生有一辆和我描述的一样的汽车，甚至精确到了和我描述的汽车有着一样的橘色线的轮子。第二天早上，他打电话给我，说道："希尔先生，下来吧，我有您的车。"我下楼走到他那里，他已经做好了合法的转让手续，准备把钥匙交给我。他开车带我沿着河岸驾驶了一段后，我们从车里出来，他握着我的手说："希尔先生，我很荣幸有优先权让您拥有这辆车。"对于一个男人来说，难道那不是一件很好的事情吗？现在，他没有说到任何关于价格的事情。他没有说："好吧，我告诉你我付了多少钱，我们敲定的价格是多少。"相反，他说："你比我更需要它，我实际上根本不需要它。但是你需要它，我想让你拥有它。"

你要小心地运用执迷的渴望在内心建立什么向往之物，因为潜意识会发挥作用把那个渴望转变成它的实质的对等物。自律不能在一夜之间获得。它必须通过形成思想和身体行动的明确习惯，一步步地培养起来。你必须经历为获取它而做的努力。

你学习通过热情的行动来变得充满热忱。那是可以肯定的。

自律之选择渴望

在内心建立向往之物时要谨慎，因为，一旦你坚定内心的那个渴望之物，你就会获取它。在你开始对任何东西有执迷的渴望之前，确保你愿意在获取之后与它一起生存——或者是他或她（结了婚的人都明白我的意思）。在大脑里展现出你最渴望得到的事物，也许是不容易获得的事物，展现过后你渐渐知道你想与它共度余生。那是多么神奇的事情啊。但是在展现之前要小心所要展现的事物。

你会有兴趣知道与我合作建立这门哲学的500余人都是非常富有的。我不花一点注意力在任何其他事上。我只是关注那些有巨大经济成就的人。我没有时间哄小男孩们玩。你可能会有兴趣知道他们中的每个人都富有但却没有心神上的平静。因为他们展现他们的富有，却忽略了生活的环境；他们忽略了，一种平衡的生活会使他们不那么崇拜财富，也不会让财富成为他们的负担，从而在人际关系中能够获得心神上的平静。他们当时没有学到这一课。如果那些人已经听了这堂课的前5分钟的内容，如果他们在获取巨大财富的早期有这堂课作为思想支撑的话，他们就会掌握如何平衡自己，因此他们的财富便不会给他们带来负面影响。对于我来说，最遗憾的事情是看到世界上一个极其富有的人除了钱之外一无所有。而世界上这样的人还有很多。

另一件可悲的事是一个男孩或者女孩没有通过赚钱就已经拥有了巨额的财富。你思想的力量是唯一一个你能完全控制的事物。造物主选择最重要的、唯一你能控制的事物给你——意愿的力量。这是一个了不起的事实。如果你仔细考虑，你会发现，通过自律法则掌控思想的力量，是富有的前提保障。自律会使人身体健康，也会给人带来心神上的平静。

自律之平衡和平静

很多学生都已经知道了我的背景情况，所有学生在他们与我一起工作之前也都将会知道我的背景。由于我的背景情况，要不是我学会了自律法则的话——因为那就是我获取事物的方式，我就不可能站在这里一本正经地说我拥有世界上我需要的，或者可能用到的，或者能够渴望的每一样事物，并且是充分地拥有。曾经有一段时间，我在一家银行的存款，要远多于我现在存在各家银行里的……但是我现在比那时富有。如今我非常富有，因为我有着平衡的思想，我没有积怨，没有担心，没有恐惧。

我已经学会通过自律来平衡我的生活，就像平衡我的书一样。我也许没有完全与交收入税的这个人和睦相处，但是我和从我肩膀上方看着我的大男人一直和睦相处着。要不是学会了自律的艺术或者以一种积极的方式而不是消极的方式应对不愉快境遇的话，我就不会与他和谐相处。如果一些人走上前来很用力地出手打我脸的话，我不知道我会做什么。那一时刻，最倾向做的是，我会握紧我的拳头，如果离他够近的话，我会朝着他的太阳穴打去，他就可能会随之倒下。毫无疑问，我会那样做的。但是相反，如果我有几秒钟思考的话，我会同情他，而不是还击他。我因他如此愚蠢来做这样的事情而为他遗憾。

自律之正确行动

我过去常会犯一些错误，用错误的方式解决问题，但是现在不会了。因为我学会了通过自律用正确的方式做事。我与人和睦相处，与世界和睦相处，更重要的是与我自己，与我的上帝和睦相处。那是很美妙的。不论你有哪些种类的富有，如果你没能与你自己、你的朋友，和与你一起工作的人有和谐的关系的话，你就不是真正的富有。你不会真正的富有，除非你学会通过自律来与所有人——所有种族、宗教的人和睦相处。我的听众有天主教徒、新教徒、犹太教徒、外邦人，不同肤色的人，不同种族的人。对我来说，他们都是一样的肤色，一样的宗教。我不知道有什么不同，也不想知道有什么不同，因为在我的思想里，他们没有区别。我也不会让小事，例如种族区别来恼怒自己或者让自己有离我的伙伴远一点的感觉。我不会让那类事情发生，尽管之前有段时间确实发生过。

世界上的灾祸之一，尤其在美国这个文化交融的国度里，就是我们还没有学会如何与他人和谐相处。我们都还在学习的过程中，当我们都领悟到了这门哲学的思想时，美国的社会将会更好。我希望这门哲学的思想也能传到世界的其他国家。

自律之思想专注

自律使一个人保持思想专注在想要的事物上，摆脱不想要的事物。这堂课至少应该会使你开始养成一种习惯或者设定一个计划，凭此你能够占用你的思想，从此把它专注在你渴望的事物上，远离你不想要的事物。如果你不做其他事情，你花在这门课上的所有时间和金钱都成千倍地返还回来——因为你经历了一次新生，一个新的机会，一种新的生活。学习运用自律，不把自己的精力放在不想要的事物上，不去想痛苦失望的事，或者伤害你的人。

我知道我告诉你容易，但你做起来难。我理解那有多难，我理解当你还没有钱的时候，使你的思想专注在你将会拥有的金钱上有多难。我怎么会知道呢？我知道关于它的所有。我知道挨饿是什么滋味；我了解没有家的感觉；我明白没有朋友的心情；我清楚无知和没文化的后果。我知道所有那些事情。当你无知又贫穷时，想着成为非凡的哲学家并想把你的思想传播到世界各地，我知道那有多么难。我知道所有那些，但是我做到了。我现在这么说用的是过去时态。我过去是那样做的。如果我能够征服我已经征服的苦难，我相信你也同样能做到。

你要有占有权，你要做负责人。占用你的思想，使它很忙，被你想要的事物和你想做的事情占据，被你喜欢的人占据，因此它就没有时间来想你不想要的事物和你不喜欢的人了。

自律之发现优点

你有想过仔细检查（也就是说尽可能没有偏见）你认为你不喜欢的人吗？不是说去寻找他们的缺点来证明你对他们的意见是正当的。那看起来可能是既简单又自然的事，但那也是低能儿、弱者所做的事情。一个强者会因他确实喜欢的事物而通过自律去看他不欣赏的人的生活。如果你能公平客观地看，你会发现有些缺点每个人身上都有。世界上没有人糟到连一个优点都没有。如果你寻找的话，你就可以发现。如果你不寻找的话，你就不会看到。

这是这个时代的一个不幸，也许是所有时代的不幸。当我们与其他人接触，如果有最小机会可以看到他们的缺点，我们不仅会寻找他们所有的缺点，而且我们还把那些缺点成倍放大，使之上升为更大的缺点。低估他人是对自己的不信任，也会给自己带来伤害。如果你低估了你的对手，你会遭到他们的损害。你总会有对手。但是你若能从改变自己开始，你便能改变那种敌对的局势——把敌人转变成朋友。

不要一开始就试图去影响别人。先致力于使自己变得仁厚，变得善解人意，变得宽容。如果一个人给你带来了极大的伤害，你便拥有世界上最重要的机会之一。实际上，你拥有那个人没有的特权，因为他失去了积极性，而你拥有。什么是积极性？什么叫作你有他没有？你有特权原谅并同情他。那就是你所拥有的。

防护之精神围墙

我想让你记住存在一个保护系统——三道精神围墙，可以用来抵御外界力量保护自己。因为有必要找到一种方法来保护自己，从而不让外界那些影响干扰自己的思想能力，致使自己愤怒、害怕，或者被外界的影响利用。我有这种保护系统，并且它产生的效果像护身符一样。世界上有很多人认识你，很多喜爱你的朋友喧嚷着要约见你，就像我现在一样，这时，你不得不有一套系统来选择他们中有多少人你可以去见，有多少人你不会去见。毫无疑问，你不得不要有那种系统。也许你在一开始的时候不会有。我在一开始的时候也没有，但是我现在有了。全世界有很多仰慕我的朋友，如果我没有一套防护系统的话，他们将会占据我所有的时间。我努力使他们现在通过我的书与我交流。以那种方式，我可以与数百万的人接触。但是，当他们想亲自与我本人当面打交道时，我要有一套防护系统来告诉有多少人能在特定的时间内见我。这个系统就是那三道想象之墙，然而它们也并不是虚构的。它们是真实地存在着的。

第一道墙是非常宽的墙。它从我这里向外延伸。它并不太高，但是它也足够高到可以防止任何人用任何工具越过它来到我这里，除非那人有个让我见他的恰当理由。现在，我的学生们不受那道墙的限制，因为他们每人都有一个特殊的梯子，他们可以没有任何困难地越过那道墙，他们甚至根本不用问我。但没有学生特权的外人想要越过那道墙的话，他们需要以某种正式的方式尝试接触。他们不能直接按我家的门铃或者给我打电话，因为我的名字没有被列在任何的电话本上。他们不得不经过一些正式手续。我为什么要有那道墙呢？为什么我不把墙拆倒，让每个人都可以来见我，或者让每个人都给我写信，我回复全国的所有来信？为什么我没有那么做，你能想到吗？你可能会对下面的故事感兴趣。有一次，我收到满满5麻袋的来信。我甚至都没能看看信封，更别说打开看信的内容了。我也没有足够多的秘书来拆开所有的信封，因此数万封来信从来没有被打开过。这些信来自全国各地。如今会好一些，但是在我一获得关于某事的一点名声时，就会收到来自全国各地的信。在上期《打印机的墨水》里，有一篇关于我的详细报道，然后我收到了有35和38年前就知道我的人的信，他们刚好就在芝加哥，但是他们不知道我也就在那里。因此我们需要有一套防护系统。

当他们越过了第一道墙，立即会遇到第二道墙，那道墙没有那么宽，但是它更高一些，实际上，它高出了好多倍。没有人能够借助任何梯子翻越过去，甚至包括我的学生。但是有一种方法可以翻越过去，我会告诉你那是什么。你要么有我想要的东西，要么跟我有共同点，你才能翻越那道墙。让我澄清一下上面那句话，因为我不想让它传递出卑鄙和自私。我的意思是你能够很容易地来到我身边，如果我确信我奉献在你身上的时间对我们彼此都是有益处的。但是如果那只是对你有益而对我没有，结果就是你不会见到我。有例外，但是极少，并且我会裁定什么样的情况才可以是例外。它也并不自私，我使你确信——它是必要的。

当你跨过第二道墙，你会遇到第三道更窄的墙。它高无止境，没有人能翻越过去，甚至是我的妻子，即使我很爱她，我们很亲密。她从来没有越过去过，她甚至都没有尝试过，因为她知道我的灵魂里有座圣殿，在那里，除了上帝和我谈心，没有任何人能进去。没有人。我在那里完成我最好的作品。当我要写一本书，我隐退到我的圣殿里筹划，和我的上帝交谈，获取指导。当我在生活中遇到困惑，不知何去何从时，我走进圣殿寻求指导，然后经常获取指导。总是这样。

你明白拥有这套防护系统是多么美好的事吗？你知道它有多么无私吗？你的第一个责任是对你自己的。莎士比亚有一句了不起的诗：“做真实的自己，不自欺也不骗他人。”当我第一次读的时候兴奋到了骨子里。我上千次读它，又上千次重复。它说得多么正确啊，你的第一个责任就是做好你自己。**对自己真实，保护你的思想，保护你的精神意识。用自律占用你的思想，指引它到你想要的事物那里，远离你不想要的事物。**那是上帝给你的特权。是上帝给人类的最重要最珍贵的礼物。通过接受并使用那个礼物来表达你的感激。

自律之自我提升

列一个清单，写出5个你需要用自律来提升的特点，我不在乎你是多么完美，如果足够诚实的话，没有谁这么做不会获益的。如果你不知道答案，让你的妻子告诉你。她会告诉你应该在清单上列出什么。也许你的丈夫也可以这样做得很好。在一些情况下，你不用问丈夫（因为他不用这种方式也会告诉你）或者你的妻子，反过来也一样。无论如何，在你的性格里找到5个需要改变的地方，写下来。就现在，为了实验，在心里写下第一个。每个人都能想出来一个想要改变的特性。

你不能对你的缺点做任何改变，除非你把它们列出来，找到它们是什么，把它们写在你能看得见的纸上，然后开始为之做一些努力去改变。在你发现这5个需要提升的特点之后，你能立即开始培养反向的特点。如果你没有习惯与他人分享你的机会和幸事，现在就开始分享，不管这样你感到多伤心。从你的目前状况开始。如果你贪婪吝啬，开始分享。如果你习惯向别人传播闲言碎语，停下来别再那样做，相反开始传播赞美的事物。你会惊奇地发现如果你开始告诉一个人，你知道的关于他的优点的事情时，他会有多么的开心，并变得不同以往。

不要过于夸张，如果那样，他会好奇你到底想做什么。合理就好。比如有人来见我，与我握手并说道："希尔先生，我一直想见您。我非常感激您写的书，我只是想告诉您我发现了我自己。我在我的职业（或事业上）取得了成功，我把这归因于《思考致富》或者《成功法则》"，我知道那个人说的是真话。我可以通过他的语音、他的眼神、他握我的手的方式判断确定。我很感动。现在，如果他站在那并说一些奉承我的话，我会马上知道他已经准备好为给我一个感动或者类似的东西。因此你确实需要去辨别。

下一步，列出所有最接近你需要用自律来改进的性格特点。你会发现做那个列表非常简单，根本不会遇到麻烦。注意你轻松、随便地做个列表与你认真审视自己、找出自己需要改进的性格特点的不同之处。自我检查是非常难的事，不是吗？因为我们总是对自己有偏爱。我们认为无论我们做什么，无论结果怎样，一旦我们做了，那就一定是做对的。要是结果证明不是对的，我们经常认为是另一个人的错。不是我们的。总是这样。

有一天，有个人过来告诉我，他已经和某人有矛盾很长时间了，当自己理解这门哲学道理时，结果发现不是其他人的问题，而是自己的问题。因为他开始运用自律来提升自己，真怪，当他清扫完自己的房子，他发现其他人的房间也是干净的。自律起的就是那样的作用。

令人震惊的是，当你不用自己的双眼去寻找斑点时，你发现别人眼睛看到的斑点是多么少。你能在别人的眼中看到多么少？每个人去谴责他人之前，应该走到镜子前面说："朋友，现在看这里。在你开始谴责任何人之前，在开始传播关于任何人的闲言碎语之前，我想让你用自己的眼睛看看自己，看看自己是否有双干净的手。"《圣经》里有一段是这样说的："让没有罪的人先抛出第一块砸向他人的石头。"在你想要伸手抛第一块石头的那一刻，相信你会原谅所有人。

自律之控制思想

这是所有渴望成功的人都应该使用的自我约束的最重要的形式：控制思想。世界上没有什么比控制思想更重要的了。如果你能控制自己的思想，你将会控制任何与你接触的事物。你真的可以。除非你首先学会掌控你自己的大脑，否则你永远都不会掌控你在世界上所占据的空间。

自律之表明立场

你已经听我多次说到甘地了。他运用如下五个法则来投身于为印度争取自由。第一，他有明确的目标，因为他知道他想要什么。第二，他运用信念法则，他向跟随者传达同样的渴望。他没有做任何道德败坏的事情，没有使用暴力或谋杀。第三，他使用付出更多法则。第四，他组成了一个也许是世界上没有人见到过的智囊联盟。至少有两亿跟随者，全部为联盟做贡献，专注于主要目标：在不使用暴力的前提下，把他们自己从英国的统治下解放出来。第五，他用自律法则，以前所未有的规模。这些是莫罕达斯·卡拉姆昌德·甘地成功的因素。毋庸置疑，自律。你见到过世界上有哪个人经历过像甘地所忍受的事——各种凌辱，各种关押监禁——站在自己的土地上没有以牙还牙？他使用自己的武器在自己的领地上反击。

如果你不得不与人战斗，选择你自己的战场，自己的武器，如果没能赢，是你自己的错。一生中，你会有作战的时刻。你要做好作战计划，披荆斩棘，为自己开路。你要比对手或敌人机智，战略不是用他们的武器在他们选择的战场上反击。相反，选择你自己的战场，使用自己的武器。

这样会对你有帮助。在某种程度上，你会遇到要解决的问题，遭遇反对你的人，或者你要与某人周旋。你要记着我告诉过你，选择你自己的战场，选择你自己的武器。首先，调整好自己迎战，下定决心，无论什么时候也不要损害任何人，或者为了维护自己的权益而伤害他人。抱有那种态度的话，在你开始作战之前你就赢了。无论对手是谁，他有多么强壮，多么聪明，用这些策略，你一定会赢。

创建一个你可以用来充分拥有你思想的系统。使思想被你选择的所有事物、环境、渴望所占据。严格使它不被你不想要的事物占据。你知道怎样使思想远离你不想要的事情吗？这是一个最基本的问题，我没有打算这么问来凌辱你的智商。我只是想强调一下，因此你就会思考这个问题了。

自律之掌控

我没有幸运地拥有你们没有的东西，也许连你们的一半都没有。我的身世背景比大多数人都要困难，如果我达到了成功的标准的话，你们也能达到。你们要采取主动的态度，为你的机构和企业负责任。你自己就是一个机构和一个企业。你必须要负责任，要发号施令，看着计划被执行。你需要用自律来完成。那就是如何保持思想远离自己不需要的事物。通过占用你的思想，在想象中预看到你的确想要的事物。即便你没有真正拥有那些事物，你可以在思想上占有，不是吗？除非你在思想上先占有，否则可以确定你永远得不到，除非有人希望它是你的或者突然天上掉馅饼，正好砸在了你身上。你渴望获取的任何事物，必须先在思想中创造和获取。你必须在思想中非常确定。看自己拥有它，需要自律。

掌控自己的命运是占用自己思想的回报。拥有自己的思想让你与无穷智慧直接接触。无穷智慧将会给你指引，这毫无疑问。当我告诉你，有人在我的肩膀上方看着我，给我指导，我是在告诉你，我遇到障碍时发生的真实情况。我所做的就是记住他就在那儿。如果我走到了人生的一个岔路口，不知何去何从，继续前行还是原路返回的时候，我所做的就是邀请在我肩膀上方看我的那个力量来给我指出正确的方向——我关注他并相信他。我怎么会说那样的话呢？那是唯一的方法，是实践证明的。那是我知道的唯一的方法。

不占用自己思想的惩罚——这个惩罚也是大多数人终生在付出的代价——你会变成环境迷途的受害者，那将会永远超出你的控制。你会成为你接触到的对手和任何事物影响的受害者，就像旋风里的树叶一样，不能自已，那是你必须付出的代价，它是一个深刻的事实。除非你占用自己的思想。

你被给予一种方法用来宣布和决定你自己的世俗命运。如果你不接受那项财产并运用它的话，你就会受到它的巨大惩罚；如果你自愿接受并运用它的话，它会给你带来巨大的财富和回报。

接受它就会得到很棒的财产，不接受它会受到很大的惩罚——那就是运用自我约束法则的结果。运用自律来占用思想，自我约束会指引思想到你想要的事物上。从来不要介意你想要什么，那是你自己的事，与任何人都没有关系。有谁会告诉我想要什么，或者我应该想要什么？你能把你的命运赌在我身上吗？

不会总是那样的，但是今天是那样的。没有人会告诉我想要什么。我会告诉我自己。如果我允许其他人来告诉我的话，我认为那是对我的造物主的一种侮辱，因为他打算让我拥有对这个小伙子（指的是我）的最后话语权。相信我，我拥有这个权利。

我不会去做任何会伤害他人的事。在这个世界上，无论在什么境遇下，我都不会去伤害任何人。

你知道无论你对或者为另一个人做什么事，你都是在对你或者为你自己吗？这是个永恒的法则。没有人能避免和逃离这个法则。那就是我从来不做起诉律师的原因。我和我的弟弟维维安做了很长时间的巡访。他是一名律师，专门负责离婚案例，尤其是有钱人的离婚案。我告诉你他因为知道太多家庭关系的消极一面而得到的惩罚是什么。惩罚是他从来没有结婚，因为他的经历，他断定所有女人都是不好的。他从来没有拥有像我一样，有一位妻子的快乐生活。他认为所有的女人都是坏的，因为他以他接触的案例来做评价的根据。这也是我们的通病。但是那样做并不公平。我们常用自己最了解的来评价一个人，不是吗？

生活中有很多重要的事情需要你来处理。你需要了解你自己，了解人们，学会如何调整自己适应很难相处的人。世界上总会有很多人难以相处，我们不能远离那些人，但是我们能够为此做些努力。

自律之控制思想和身体

自律意味着完全控制自己的身体和思想。自律不是意味着改变你的思想和身体，它指的是控制。性，这一强烈的情感给很多的人带来了麻烦，比所有其他的情感结合起来的都要多，然而性是在所有情感中最有意义的、最深刻的，也是最神圣的。并不是情感本身给人们带来麻烦，而是人们缺少对性的控制、管理和转变。但是如果人们有自律的话，就会很容易地做到。因此它和身体的其他器官，和大脑是一样的。你不需要彻底的改变。你只需要做它的掌管者。控制并确认你必须做的事，为了有一个健康的身体和平静的心神。养成日常习惯，使自己的思想为自己渴望的事物和环境所忙碌，远离你不想要的事物。不接受自己被不想要的环境或者事物影响。你可以容忍它的存在，但是你不能屈服于它。你不能让它把你征服，或者承认它比你强。相反，不向它屈服来证明你比它强。展开想象，广泛地想一下，你需要处理但不能屈服的事情有哪些。

建立一个“三墙保护”系统，这样不会有人知道关于你的事，或者不知道你在思考什么。没有人想要所有人都知道自己在想什么。换言之，你不想让每个人知道所有关于你的想法。不幸的是，有很多人犯了这样的错误，让随便一个人都知道自己的想法。你所要做的事是，让别人开始说话。你知道我说的是什么，就是让他们开始说，你会发现所有关于他们的事，无论好事还是坏事。

我与埃德加·胡佛（美国联邦调查局第一任局长、政治家、特工）在很多场合一起做了很多职业性的工作，现在时不时也会做。他曾告诉过我，他所调查的人对他的帮助最大。是的，他从他调查的人那里得到的信息比任何其他资源结合起来的都要多。我问："为什么？"他说："好吧，因为他说的太他妈多了。"那就是他的精确回答。

你若告诉我一个人惧怕的是什么，我就能告诉你如何去控制他。当你发现一个人所惧怕的是什么，你就会确切地知道如何来控制他（就是说，如果你足够傻到想要在那个基础上去控制谁）。我不想依照某人所惧怕的事物去控制他，一点都不想。如果我要控制谁，我愿意是以爱为基础的控制。

法则 9

充满热忱

有些人在一些事情上获取了一定程度的成功，但是只有那些能习惯把热情转变成殷切渴望的人，才能获取真正伟大的成功。你有权富有的第九条法则是充满热忱，我们最伟大的财产之一，我们内在的驱动力，促使我们尽最大的努力前行。它的真正含义是什么？字典中把它定义为："由于兴趣或追求，而对思想的占有和控制，一种到达狂热程度的热情。"希尔博士给热忱的定义增添了一些内容。希尔博士把它定义为，热忱无非是对行动的信仰。

热忱以热烈的渴望为基础。那是热忱的起点，当你学会如何去使自己达到一种热烈渴望的状态时，如下关于热情的说明，你就不需要了。因为，在那个时候，你就有了关于热忱的权威发言权了。

热烈的渴望

当你真正想要某个事物并决心获取时，你就有了热烈的渴望。你的渴望加快思考的进程，这样你的想象开始展现你获取渴望得到的事物的方法。热忱给使你的思维更敏捷，从而对机会更敏感。当情绪上升到热忱的状态的时候，你就会看到之前从未看到的机会——对于明确事物的热烈的渴望。

主动热忱和被动热忱

热忱分为两种：主动的热忱和被动的热忱。两者中，主动的热忱更为有效。用主动和被动，我指的是什么呢？我来给你解释一下被动的热忱。

亨利·福特是我见过的最缺少主动热忱的人，我只听他笑过一次。他跟你握手，就像是他手里握着一块凉的火腿一样。你完成握手的全部动作。他什么都没有做，除了他把手拿出来，在你松开的时候再把手放回去。在与他的对话中，丝毫没有任何的热忱，没有任何迹象的活跃的热忱。那么他到底有什么样的热忱呢——因为他一定得有——为了能有一个伟大的主要目标并获取如此多的成功？他的热忱是内在的，他把内部热忱转移到他的想象里，然后到他信念的力量里，然后到他的能动性里。他运用自己的能动性，相信他能够做到任何他想做的事情，他通过热忱运用信念来保持自己警觉。被动热忱在他大脑中注入他将要做的事和他能从行动中获取的所有快乐。

他实现了目标，解决了问题，很久之后我问他，是否有过想要什么或者想做什么却无能为力的，他回答说："没有。近几年没有。"（他补充说，早年时有过，直到他学会了如何去获取他想要的事物以及如何去做想做的事情，他不能用肯定的话回答我）我说："福特先生，换句话说，就是不存在任何你需要或者想要的你却不能获取的东西了。"他回答说："是的。"我问："你是怎么知道那是真的，你如何确定无论你想做什么，在你实现之前就知道你能做呢？"他说："这些年来，我养成了一个习惯，就是把我的思想专注在每个问题的能做的一面上。如果我遇到一个问题，总有我能为它做的一些事。有很多我不能做的事，但有一些事我能做，然后我就开始做我能做的事。我不断做能做的部分，不能做的部分就简单地消失了。就像是我来到一条河边，我期望有一座桥，但却没有。我发现我不需要桥，因为河是干的。"

热忱消融障碍

对于一个人来说，能说出那样的话是很了不起的。他解决问题或者实现目标，从他能做的地方开始。如果他想要创造一个新的模型，或者想要增加产量，他立即把他的思想放在制订他能做的计划上。他从来不关注障碍，因为他知道他的计划足够强大明确，并且有信念支持——当他这样做的时候，遇到的任何障碍都会消散。令人震惊的事情是，如果他采取那种态度，把思想放在每个问题能做的部分上，然后不能做的部分就会"踮着脚尖悄悄溜走了"。我赞成他说的话，因为那也是我的经验。

热忱之信念

如果你想要做什么事，使你自己进入一种狂烈的状态，从你站的地方开始起步，即便它不过是你在脑海中勾勒出的你想要做的事，继续保持画那幅画，不断让它更加生动。鉴于你现在使用了你能够利用的工具，其他更好用的工具就会来到你的手边。那是生活中很奇怪的事，但那就是生活的规律。公共演说家和教师，通过控制声音来表达热情。实际上，我的一个学生给了我很高的赞美，当她问我是否有过关于声音方面的培训或者声音文化或者那类事情。我说："没有，很久以前，我上了一堂关于公共演讲的课程，但是我推翻了老师教的所有内容，我有自己的体系。"学生说："好吧，你拥有一个很棒的声音，我常常好奇你是否训练自己赋予热情或者你想要赋予的含义。"我说："没有，答案就是这样。当我说什么，我相信我所说的，自己说的话很真诚，那就是我知道的最好的控制声音的方法了。"当你知道你在那个时刻所说的内容是你应该说的，并且将会对他人对自己有好处的时候，你就表达了热忱。

真挚的热忱

我曾看到过公共演讲者在讲台上踱来踱去。他们时而手捋头发，时而手揣在兜里，各种各样的小动作。我因那些小动作而分散注意力。我曾经训练自己站在一个位置上。我从来不在讲台上走来走去。有的时候我会伸开双手，但不经常那样。我想要的效果是，我所说的话是真诚的。然后，我把热情融在声音里表达出来。如果你学会那样做，你就会拥有一份不可思议的资产。

一个人在表达热情之前必须感觉到它。我没有看到过当一个人的心是破碎的时候，他还能表达热情，当他在痛苦之中，或者任何他不能摆脱的麻烦的时候。

一次我在纽约做了一个电视节目，有位明星做了很精彩的表演，尽管她在 3 分钟前知道了她父亲突然去世的消息。你想象不到，她的表演与我想象的一样精彩、完美，一点发生过什么事的迹象都没有。无论在什么环境下，她总是把自己训练成一名演员。如果她没有那样训练自己，她就不会是一名演员。一名不能够进入他所努力扮演的角色原型的演员，不能够感受到角色人物应感觉到的方式，就不是一名好演员。他可以表达为他写的台词，但是他不会给观众留下正确的印象，除非他把扮演的角色真实地表达出来。

不是所有的演员都在舞台上，有些人在生活中也是一名演员。但是生活中最伟大的演员是那些把自己放到他们努力描述的角色中的人。他们感受它，他们相信它，他们有自信，他们可以轻松地向其他人传达热情的精神。这种热忱，是对抗所有进入大脑中的负面影响的一种强有力的良药。如果你想销毁掉一个负面影响，就去复燃热情，因为它们两个不能同时存在。开始对任何一件事物充满热情，我倒要看看，当你处于热忱状态时，消极和恐惧的思想能否进入你的大脑。

声音中充满热情

一个人应该在日常的对话中练习热情。学会根据自己的意愿开启或关闭热情。当你和某人谈话的时候，马上开始加强语调，带着微笑说话。声音愉快，音量降低，在需要时加强，以至于他人能够清晰地听见并知道你要做什么。换言之，学会在你的日常对话中注入热情，从与你接触的每一个人开始练习。观察一下，你这么做了，会发生什么。自然而然地，你就改变了说话的语调。你将会故意地打算让与你交谈的人笑，让他或她喜欢你。如果把热情放在告诉他人你是如何看待他的，尤其是你认为不愉快的，那样做不好，因为你越热情，他就会越不喜欢你。

用单调的语音说话总会是乏味无趣的。我不在意是谁在说，如果你没有丰富的语言、抑扬顿挫的语调，你所说的话必将是苍白无味的，不论你说的内容是什么，也不论你是对谁说。假设我一直单调地说话，从来不改变我的音调，或者我精确地说一样的事情，但是不润色我的声音，你认为我还会获得如此热烈的欢呼吗？当然不会。我能通过请你来回答一个你准备的问题保持你不睡着。但是我会通过在声音里加入热情，用抑扬顿挫的语调，让你跳起来猜我接下来会说什么。把控观众的一个好方法是，让他们猜你接下来要说什么。如果你语音单调，没有热情，听众就会离开。因为他们早在你要说之前就知道你要说什么了，所以不想听了。关于热情最美的部分是，你不需要问任何人，你自己能够开启和关闭它。

分享热情

当你在日常对话中表达热情，观察他人是如何拾到你的热情并对你反应的。通过使你自己进入热情的状态，你能改变任何人的态度——因为热情是有感染力的。他们会接收到你的热情，然后作为自己的热情反馈给你。

所有优秀的销售员都懂那个艺术。如果他们不会，他们就不是销售能手，如果他们不知道用热情感染消费者的话，甚至连普通的销售员都不是。不在乎你销售什么，出售你自己和出售服务或者商品都是一样的。走进任何一家商店，挑选一名熟悉自己业务的销售员。你会认可他，因为他不仅向你展示商品，他还会用打动你的语调给你说一些信息。

大多数商店里的销售员根本算不上销售员。他们没有关于销售员的概念。他们是会计师所说的“订单接收员”。订单接收员根本不是销售员。他们不做销售业务。我经常会听到他们说：“我今天卖了这么多。”我听到一个报社从业人员对向他发送新闻消息的人说，他卖了多么多的报纸。好吧，他根本就没有卖出报纸。当然了，他是在那里的。他摆个报纸摊位，路过的人拿了报纸就把钱放在那里。但是他没有做与销售相关的任何事情，他只是把商品摆在人们会顺路买的地方罢了。他认为自己是销售员，实际上，他认为自己还是很优秀的。你看到很多打包商品，然后把你的钱拿走的人认为自己做成了交易。但是他们没有做成任何事情，因为你是完成购买的那个人。你不能说他是一个好的销售员。你可能要去买一件衬衫，但是在你买之前，他将要向你卖一些内裤，一些袜子，一条领带，一双背带（他不会卖给我背带，因为我不戴那个）。就在一两天前，一个销售员卖给我一条腰带。我本不需要腰带，但他给我展示了一条很好的腰带，并且很适合我的个性，我买了主要是因为这个人谈论的所谓的个性。相信我，我对这个也没有免疫力。

热忱阻挡失败

遭遇任何不愉快的境遇，学会带着强烈的热情重复你的主要目标，把它转变成愉快的感觉。无论遭遇什么样的困境，不要焦虑，或让困境占用你的时间把你变得悔恨、气馁，或者恐惧，开始想你将完成的了不起的事，也许在 1 年、2 年、3 年、4 年或者 5 年（或者就是 6 个月）。开始想一些能激起你热情的事情。换句话说，把热忱花在想要的事物上，不是花在因为挫败而损失的事物上。

有很多人会因为深爱的人去世而心神烦乱。我认识的人就有因为这种原因而丢失思想的。我的父亲在 1939 年去世，当然了，那时候我知道父亲要去世了。我们知道他的身体状况是怎么样的，也知道他的死亡只是时间问题，因此我调整自己的思想使它能够接受这一事实，不至于因现实而沮丧，或者在情感上给自己造成最轻微的影响。

一天晚上，我在佛罗里达的庄园里接到了弟弟的电话（我正和某个著名的公司谈论出版事务），保姆走进来告诉我，说我弟弟要让我去接电话。所以我就走出了房间，在电话上跟弟弟说了三四分钟，他告诉我父亲去世了，葬礼就在这个周五举行。我们还聊了一点别的事情。我感谢他给我打来电话，然后回到公司。公司里没有人知道发生了什么事。甚至直到第二天我的家人才知道。我没有痛苦之类的表现。那样有什么用呢？我又救不了父亲，他已经去世了。我为什么要为无能为力的死亡而悲伤呢？你也许会说我铁石心肠，但根本不是那么回事。我早就知道这一时刻会到来。我只是调整自己去适应事实，以至于它不能毁掉我的信心或者给我带来恐惧。

它造成的影响就是那样（嗯，也许没那么严重），你得学会加强自己的免疫来抵抗情感上的沮丧。当你沮丧时，你不是很明智，你不思茶饭，你不开心，你不成功。当你在那样的思想状态下，事情就会朝着你不希望的方向发展。我不想生病，我想要成功，我想让事情的发展随我所愿，我能确保的唯一方式是不让任何事情使我沮丧。

我认为没有谁会爱得比我深比我久，但是如果我经历了无回报的爱（我经历过），它可能会使我沮丧。然而，它并没有——因为我能自我约束。我不会因为任何事而思想失衡，任何事都不会。我不想父亲去世，但是，他一旦去世了，我不能对死亡的结果做任何的改变。因为父亲去世了自己就不想活了，这对我来说一点用没有。我见过有人那样做——因为某个人去世了，自己就去死，那是一个极端的例子，但是那当然是每个人都需要了解的。我们需要学会调整自己适应生活中的不愉快，而不是被它击垮。这样做的方式是把注意力从不愉快的事上转移到愉快的事上去，然后把热情收回来全部放在愉快的事情上。

那是你的生活，你有能力完全控制它。从今天开始，你对自己的责任是需要你每天提高表达热情的技术，无论表达的是什么。我已经感触到一些你能做的事，但是不是所有的。人际关系中，你知道你能做哪些事情来增强你的热情达到热忱的状态，如此它能对你和他人都更有帮助。

我要在这里补充一点。如果你有配偶，你能改变你们关系的话，无论到哪里你们都会互补，你便获得了一笔无与伦比的财富，这笔财富不能被估价，它超过了世界上所有的其他事物。一个丈夫与妻子的智囊联盟能够克服、战胜可能遇到的所有困难。他们把思想态度结合在一起，使他们的热情加倍达到热忱的状态，把它运用到需要它的地方。

法则 10

专心致志

专心致志，也可以叫作专注，是有权富有的第十条法则。它是自我约束的最高形式，因为它需要协调大脑的所有功能。换言之，它是组织好的思想力量。

这条成功法则凝聚你生活中主要目标的所有努力，因此你会实现。专注的重要功能是帮助你养成和保持思考习惯。习惯会促使你把注意力锁定在每一个想要的目标上，保持你的思想在那，直到你实现了那个目标。专心致志是一种力量，并且这个力量是你能把握的。

我还从来不知道有哪位有高等成就的杰出人士，没有为了他的成功而不去获取专注的潜在能量。我谈论的是每次高度专注在一件事情上。你听过有人描述其他人就像“只有一根筋的脑袋”，不是吗？每次有人说我只有一根筋，我反倒想要感谢他，因为很多人有多重的思考方式，当他们试图同时运行那些思考方式的时候，效果并不理想。杰出的成功者是能够保持每次思想高度专注在一件事情上的人。

当你学会一个时刻专注一件事时，你就学会了把自己锁定在你所专注的事物上了。

专注始于动机

所有的专注都始于动机，因为除非你有一个做那件事的动机，否则你不会专心致志，你想要赚很多钱吗？比如说你想要买一座庄园，或者一个农场，你会专注在需要的金钱上。你会惊讶那种专注是如何改变你的整个习惯的，然后给你吸引赚那笔钱的机会。我知道那是它的工作方式，因为它对我起作用了。

前些年，我想要一个数千英亩的庄园。起初，我不知道1000英亩是多大，但是我专注在1000英亩上。实际上，我寻找的这块地大约价值250000美元，远超出我的积蓄。然而，从我把思想固定在我想要的庄园规模的那天起，机会的大门开始向我敞开，培养我赚那笔钱——比我以前赚的还要多。需要我的著作的王室成员人数开始增加，人们对我的演讲的需求量开始增长，对我的商业咨询量开始上升。为了赚得那笔钱我出售自己，通过付出服务来获取。

我得到了庄园。我没有获得1000英亩，但是我获得了600英亩。我跟卖给我600英亩庄园的人说，我需要1000英亩。他说："我只有600英亩，顺便问一下，你知道600英亩有多大吗？"我说："我只知道个大概。你愿意陪我一起围绕庄园走一圈吗？"一天早晨，我们带着一对高尔夫球杆以防响尾蛇出现，开始沿着庄园的外围走，我们翻越了卡茨基尔山，到了中午的时候，我们还没有走到庄园的一半。我说："我们回去吧。我看足够了。600英亩足够了。"我买了那块土地，然后大萧条来了。相信我，那很艰难，但是我积累了足够的钱来买那块地。要不是我专注在那个想法上的话，在大萧条之后，我就不会再拥有它了。

执迷的渴望激发专注

专心致志需要明确目标以变成一种着迷。有动机没有用，除非有执迷的渴望或者痴迷的目标在支撑。一个普通的目标或者渴望和一个执迷的渴望之间的区别是什么呢？加强一词放在这里正好合适。换言之，希望得到一件事物是不足够引起任何事情发生的，你需要用热烈的渴望或者执迷的渴望支持你的想法，为什么，因为它激发你行动，吸引你到目的地，并为你吸引你需要的所有事物，为的是实现那个渴望。

你如何养成对事物痴迷的渴望呢？通过思考很多事，把一个事物改变成另一个吗？不是，你选一件事。生活的每一个细节你都想着它，你吃、喝、睡、呼吸，都想着它，把它讲给任何想听的人。如果你找不到一个愿意倾听的人，那就对你自己说。通过重复，保持告诉你的潜意识你确切想要的事物。你表述越清晰易懂，潜意识就更明确。最主要的是，让你的潜意识知道你期待的结果。

积极主动点燃专注，运用信念使之长久

组织好的努力或者个人能动性是开启专注行动的发动器。运用信念是保持行动的维持力量。换言之，没有运用信念，当事情的发展遇到困难（就像它将会的，无论你做什么），你要么迟缓，要么退出。在事情发展不顺利，或者结果跟预期不一样时，你需要运用信念使行动上升到一个更高的程度。你听说过有谁没有遇到过任何阻碍，从一开始的时候就获得了卓越的成功吗？现在别找了，我直

接告诉你——没有谁曾那样过，或许将来也不会有。无论做什么，困难对于每个人都是一样的。

每一堂课中都有你能专注的大量信息。当你接触到时，你要专注。把其他事情放在一边，只专心在那一件事上。在你的笔记里加入你发现的和主题相关的所有信息，并多次复习每堂课的内容。当你专注在特定的课程上，就不要让你的思想跑到其他课程中去。

智囊之专心致志

联盟是确保成功的必要的力量源泉。你能想象有人专注在获取某些重要事物，而没有使用其他人的策划、影响和教育吗？你听说过有哪位获得非凡成功的人没有用到与他人的合作？我还没有发现有哪位获得非凡成就的杰出人士（在任何行业里），不把他的成功归因于与其他人的友善和谐的合作。他们的成功大部分来自使用他人的大脑，有时候他人的金钱（因为你也偶尔需要那样做）。如果你的目标是超越平庸的话，那么你的专注需要智囊联盟。

当然了，你能够专注在失败上，如果你的目标是失败的话，你不需要任何智囊联盟的帮助——尽管你有很多志愿者的帮助和很多不错的公司。但是如果你打算成功，你要遵循我为你列出的这些法则。你不能逃离它们也不能忽略它们中的任何一个。

自律

自律是保持你朝着正确方向前进的监督员。进展最不顺利之时，就是你最需要自律之时。当你遭遇质疑或者境遇困难时，你需要自律来保持信念坚定，保持自己有决心不会因困难而停止。没有自律你可能不会坚持专注。运用自律，障碍根本就不会是麻烦。

想象力

创造性幻想或者想象力是用专注的行动实施计划的设计师。在你能够聪明地专注之前，你要有计划，你需要有一名设计师，那个设计师就是你的想象力（是你智囊联盟的想象力，如果你有的话）。当你没有一个明确的目标或者一个实用的计划时，会发生什么呢？你是否听说过有人有着非常好的目标，或者非常棒的想法，却失败了，因为他没有正确的计划去获得成功吗？除了那个例子，你还听说过其他类型的吗？人们有想法是普遍的，但是他们执行想法的计划不好也不健全。

付出更多

付出更多是获取他人和谐合作的法则。多付出是你专注时需要的。如果你想让他人帮助你，你首先需要把帮助他们当成是你的义务。你需要给他们一个动机。即使是你的智囊联盟里的成员，没有动机的话，他也不会作为联盟者而付出服务的。

金融动机确保专注

在特定的事业中，都有哪些动机会使人们加入你呢？重要的动机是什么呢？当然了，是金融收益。在所有事业和职业里都是如此。我想说的是，对职业晋升或金融收益的渴望是明显的动机。如果你进入了一家企业，那里的主要目标是赚钱，你不允许你的联盟者（或者关键的人或者帮你最多的人）获益的话，你不会拥有他们很长时间。他们会自己创业或者跳槽到竞争对手那里。

安德鲁·卡内基先生告诉我，他付给查理·许瓦布每年 75000 美元的薪水，而且在某些年份，还会在薪水之外给他 100 万美元的分红，当时我感到非常惊讶，惊讶他那样做了很多年。对我来说，那些钱在当时就算是数目不菲了，即使现在也仍然是。我也很好奇卡内基先生为什么会那么做。我想要明白，一个非常聪明的人会付给一个人比工资还要多10倍的分红。我问：“卡内基先生，你是不得不那么做吗？”他说：“不，当然不是。我能让他走，和我竞争。所以不是不得不那样做。”那句话里面有相当多的含义。换言之，他拥有一位非常好的下属，这个人对他很有价值，他想要留住他，他知道留住他的方式是让那个人知道，他与自己在一起比不和自己在一起会赚更多的钱。

黄金法则

黄金法则给一个人专注的行动以道德的指导。

准确思考

准确思考防止空做白日梦，专注在计划的制订上。你知道所谓的思考，大多无非就是白日梦或者希望或者愿望吗？它就是那样的。这个世界上有很多人花了大量的时间空做白日梦、希望、愿望、思考，但是从来没有采取任何身体或者具体的思想上的行动去执行他们的计划。

很久以前，我在爱荷华得梅因做这门哲学的演讲，在演讲结束后，一位身体不太好的老人步履蹒跚地走在台阶上。他从兜里摸索了一圈，拿出来一捆报纸。他说：“希尔先生，在你刚才的演讲里，没有什么新的内容，我20年前就知道那些想法。它们在报纸上。我有那些想法。”他确实有。其他数百万人也有同样的想法，但是没有人做出任何关于那些想法的行动。在这门哲学里没有什么创新，除了宇宙习惯力法则。那是唯一的创新。严格地说，那也不是新的——那是关于爱默生补偿论文的解释，只不过人们在第一次看的时候就能理解其中的陈述。那位老人就只是把那些想法放在他的口袋里。要是他在我开始之前忙碌起来就好了，他就成为拿破仑·希尔了，而不是我。总有一天会有一个睿智的人来到这里，就站在我停下的地方，他会在我所做的基础上继续创造这门哲学，也许会远超过我。也许那个人现在就坐在你们中间。

逆境中成长

从困境中学习确保一个人不会在境遇困难时望而却步。毫无疑问，逆境中学会永不放弃——那就是每一次历练的好处，这难道不是很了不起吗？

对于一个人来说，经历萧条，所有钱财损失得分文不剩，他不得不重新开始，这样有什么好处呢？我能够告诉你答案，因为我曾经就是那样的。那是我从未有过的最大的福祉，因为那时我刚好是自作聪明的人，赚了太多的钱，赚得太容易，我需要一个教训。此后，我开始作战反击，完成了很多比之前更好的创作。没有那个经历的话，我大概还在卡茨基尔山的庄园里而不是在这里教学。

有时候，困境是化了装的福音。如果你对它有正确的态度，它也不会经常这样伪装着。除非你已经在思想上接受了失败，否则你不能被鞭打，也不能被击败。不管逆境如何，如果你专注在寻找它的好处，而不是坏处，总有对应的福音在里面。不要花费一丁点的时间在已经过去的事情上，或者在你犯的错误上，但花时间分析它们除外，要从中学习从中获益，这样你就不会再犯同样的错误了。

专注

专注涉及融会贯通运用这门哲学的一些其他法则。坚持不懈是支持所有这些法则的口号。

专注是明确目标的孪生兄弟。想一下你能用这两条法则做些什么，明确的目标——确切地知道你想要什么——专注在执行目标计划的每一件事情上。如果你能够专注在一个明确的事情上，你知道你的思想、大脑、个性以及你自己会发生什么样的变化吗？专注，我的意思是说把所有你能空出来的时间，就是你不睡觉不工作的时间，把这些时间都奉献出来，看你自己占有这些时间并把它专注在代表你明确目标的事物上，看你自己建立计划来保持占有时间，制订出你采取的第一步，第二步，然后第三步，如此等等计划。日日夜夜都专注在它上面，不久你就会发现，有一个机会将会带着你，走向距离代表你的明确目标的事物更近的地方。当你明确知道你想要的是什么时，你会惊奇地发现有如此多的与之相关的事物。

几年前，我在佛罗里达生活的时候，我有一封寄到佛罗里达州坦帕市邮局非常重要的信。我知道那封信来了，因为我与纽约的国家城市银行说过。我知道那封信在邮局——我必须要在中午 12 点前拿到它。我给邮政局长打电话，他是我的朋友，他说："那个信件在邮局和你的教区之间的地方（10 英里远，因为我住在外面的乡村）。它在 1 号线上，我不知道任何你能在中午 12 点之前取到那封信的路径，除非你沿着那个邮递员的路线追上他。我会告诉你从哪个站开始。因为他已经过了第九个站，如果你想要与他接洽，我会给你指导关于任何追上他的路线。"

好吧，1 号线是我过去常常从坦帕到我教区的家经过的公路。我曾每天都走那条路。我不知道那有过什么邮箱，但是当观察邮箱变得对我重要的时候，我看到了之前从未看到过的很多邮箱。相信我，大约每 100 步就会有一个邮箱，它们都有编码，我寻找着邮政局长告诉我的邮箱号码，把它作为邮递员会达到的地方，我最终赶上了他。那是在周一，他有很多信件。他说：“先生，我不能为此做任何事情。我不知道你的信件在哪儿，直到我把这些信件都送出去后才会知道。”我说：“听我说，朋友，我必须得要那封信。它就在那儿，我得拿到它。邮政局长告诉我沿着你的路线走，不要让我徒劳而归。他说让你把信件拿出来整理一下，让我拿到那封信。那就是他告诉我的，如果你不相信的话，到这个农舍来，你自己给他打电话。”他说：“我不能那样做，那不合法。”我说：“合不合法，我现在都得要那封信件。朋友，做个有风度的人。争论对你我没有用。你有工作，我也有工作。我的重要，你的也重要。拿出那封信件不会伤害到你和你的职业。”“哦，见鬼，”他说，“好吧。”因此他那么做了，他拿出的第三封信就是我的。这只是其中的一个例子，当你知道你想要什么，在某种程度上你下定决心要得到，事情就没有像你想象的那么困难。

我经常回想起那个经历，它指示人们要知道自己想要什么并成功获取。他们根本不会让任何事情阻止自己，也不会花一点注意力在对立面的事物上。

我经常观察我的优秀的商业合伙人——斯通先生，与他的销售员之间的谈话。每次听他说话我都很兴奋，因为我不相信他知道“不能”这个词的含义是什么。我认为他很久之前就把它看作是肯定的含义——他获得的结果表明了他相信它的意思是肯定。他是我认识的人中最明确自己目标的人，也最理解失败，并拒绝接受失败的人。当遇到障碍时，他绕开障碍，或者把障碍从他前进的道路上移出去，他从不会让障碍阻止自己。那就是实践中的专注和明确的目标。

每个人都知道亨利·福特拥有的明确目标是什么。人们在日常生活中都在驾驶着他主要目标的一部分——价廉可靠的汽车。他不允许任何人把他和他的目标分开。我听说过有出资人给福特先生很多在我看来是很闪耀的机会。福特先生告诉他们，他所从事的事业占用着他所有的时间和努力，他对那之外的任何事情都不感兴趣，那个目标就是向全世界提供价格低廉、性能可靠的汽车。他的坚持使他极为富有。

我见过数百人在刚开始起步之时，花费了比福特先生多出许多倍的钱，他们最后都陷入了失败。如今我不能在世界上找到几个知道他们名字的人了。他们比福特接受过更好教育，有更好的性格，福特有的每一件东西他们都有，除了一个——他们没有像福特那样，当遇到困难的时候坚持明确的目标。

发明家爱迪生先生现身说法，诠释了专注的含义。没错，在任何意义上来说爱迪生都是一个天才，因为越是遭遇困难，他就越会鼓足干劲不放弃。想一下，他致力于发明白炽灯，经过一万多次不同的失败，一万次！你能想象在同一个领域经过一万次失败都没有怀疑自己的人吗？当我听说并亲眼看到他的日志时，非常震惊。日志共有两本，每本大约有250页，每一页都记录了一个他已经努力但却失败的计划。我问："爱迪生先生，假设你没有找到答案的话，你现在会在做什么呢？"他说："我会在我的实验室里工作，而不是坐在这里浪费我的时间跟你闲聊。"他咧嘴笑着这么说，像是在开玩笑，但是他很明确自己说的是什么。

无穷智慧站在你一边

遇到困难时，如果你不放弃，无穷智慧就会站在你一边。你的信念、能动性、热忱、忍耐力将接受检验。当自然发现你经受住了这样的考验的时候，它会说："你通过了，进来吧。"

我想自然——或者无穷智慧，或者上帝，第一个起因，或者无论你怎么称呼——用人们能够理解的简单的方式向人们传达信息。那就是这门哲学所要传授的。它不是像让一个高中生去查阅字典或者去读百科全书。相反，你会理解它。你遇到这些法则中任何一个时，你自己的智慧就会告诉你。你不需要任何证据，你能明白它的意思。要不是我有过20多年的困境和挫折的经历，和对这门哲学的专注，这门哲学今天就不会存在。它需要由专注和我的经验来共同完成——当进展不顺利时，如果你能坚持住，无穷智慧就会来到你身边。

我认为在希特勒的案例中不是那样的。毋庸置疑，希特勒有着明确的目标和热烈的渴望。他明确的目标出现的问题是与无穷智慧、自然法则、对与错的法则相冲突的。

你知道你的所为如果对他人造成苦难或者不公，一切可能将会前功尽弃，你将会遭遇失败。如果你希望无穷智慧能来到你身边，你必须"正确"，就是说你做的每一件事，对它会影响到的人，包括你自己，都能获益。

耶稣的一生都奉献在专注于人类的生存系统上。他的一生没有过得多好，但是他必须做正确的事，因为要是不正确的话，它就会被摧毁且早在这之前就消失了。

在自然里（或者在无穷智慧里），每一个邪恶个体都带有能摧毁自身的病毒。没有例外。那是自然的总体规划和宇宙的自然法则。无论什么样的环境，每一个罪恶，由它自己带来摧毁它自己的病毒。

以威廉·瑞格里为例。威廉·瑞格里先生是第一位因我教授他这门哲学而付给我薪水的人。我的第一笔100美元的酬劳就是从威廉·瑞格里先生那里赚到的。想一下那个男人在5片装的口香糖上做出了什么名堂。我从来没有开车沿着米尔根大道看过河上的那幢建筑，夜晚灯火通明，我没有想过专注能对例如一个5片装的口香糖发挥什么作用。

《独立宣言》的签署人，乔治·华盛顿、亚伯拉罕·林肯和托马斯·杰斐逊专注在给全美人民争取自由，最后为全世界的人民。美国是人类自由的摇篮。世界上没有哪个国家像美国这样致力于争取个人自由。没有其他哲学，和从事其他研究的人，像研究这门哲学的人一样，目标是解放如此多的人。

法则 11

准确思考

希尔博士的第十一条法则是，准确思考。它将帮助你洞悉你有权富有的最深层的秘密。它分析了所有的秘密和人类思想的力量。

想要获取任何形式的永久成功，必须学会准确思考的艺术，必须理解思考的基本要素，包括诱因、推理和逻辑。必须学会区分重要与不重要的事实，学会从幻想中把事实分离出来，辨别情感和意见。最后，必须有自己的思考。

不允许任何人，包括熟人、朋友、亲属、媒体专家，或者权威人士来代替你思考。记住每一件事情开始于一个想法，一次思考。如果思考是基于错误的逻辑或推理的话，那么从思考中发展起来的行为一定是有瑕疵的。成为一个准确的思想家并不容易，但是准确思考，是绝对重要的。

每个人都谈论准确思考，但几乎不曾有人那么做过。能够准确思考，分析事实，基于准确的思考而不是感性来做决定，是了不起的。你我给出的大多数意见和决定都是基于我们对所渴望的事物的感觉，而不是依据必要的事实。到最后，你凭感觉想要去做的事情和你的头脑告诉你要去做的，哪个会赢？大脑怎么了？你为什么会认为它不会有一个更好的选择呢？有人说过很多人不思考，他们认为自己思考了，而我认为那只是涉及思考而已。

一定有简单的方法你可以运用来准确地思考，这堂课就包含了所有这些方法。它们会帮助你避免犯一些不准确思考的错误，例如轻易地判断或者受情感的影响。事实是你的情感根本不可靠。例如，爱的情感，它是所有情感中最伟大的情感，然而，它也可以是最危险的。人际关系中，由于对爱的误解而产生的麻烦，比其他困难结合起来的都要多。

思考的三种基本形式

我们开始看一下准确思考的起点是什么。三种类型的思考。

1. 归纳推理， 基于对未知事实的推断和假设。

2. 演绎推论， 建立在已知事实或者认为是已知事实的情况上。

3. 逻辑， 由与在考虑之中的情况类似的过去的经验所指引。

在这三种类型的思考里面，你认为哪一种用得最多？归纳推理、演绎推论，还是逻辑？

归纳推理

归纳推理是基于对未知事实的推断和假设。你也许不知道事实，但是你假定它们存在。实际上，你创造它们，然后在此基础上做出你的判断。当你那样做，你要保持手指交叉以求好运，并做好改变决定的准备——你的推理也许证明是不准确的，因为你是以假定的事实为基础的。

演绎推论

演绎推论是建立在已知事实或者认为是已知事实的基础之上的。你应该在推理出为你自己的利益或者执行你的渴望的事情之前拥有所有事实。那应该是大多数人采用的推理或者思考的类型，他们只是没有很好地运用而已。

准确思考的两个步骤

步骤1：从想象或者传闻中分离出事实。准确思考有两个步骤。第一步是从想象或者传闻证据中分离出事实。在你思考之前，你必须弄清要处理的是不是事实，是虚构的事实，真实的证据，还是传闻证据。如果你处理的是虚构的事实或者传闻证据，你有必要特别小心来保持一个开明的思想，在你仔细检查了所有的事实之前，不要下最终的决定。

步骤2：区分重要与不重要的事实。第二步是把事实分成重要和不重要的两块。什么是重要的事实？你也许会惊讶，绝大部分事实——不是传闻的证据，不是假设——我们日日夜夜处理的大量的事实，都是相对不重要的，你知道为什么。

重要的事实

重要的事实是对一个人获取其主要目标有利的事实，或者是从属于主要目标的事实。

如果我不说大多数人花费在那些与他们的进步没有关系的事实上的时间，比花在将会对他们有益的事实上的时间要多，那我就是不谨慎的。好奇的人，爱干涉他人事务的人，说闲言碎语和那类事情的人，花大量的时间谈论他人的事情，他们处理的都是微不足道的谈话和小事——换句话说，处理不重要的事实。如果你对这一说法持怀疑态度，请把你一整天做的事情列一个清单，睡前总结一下那个清单，看一下有多少事情是真正重要的。也许在周日或者休息日做那些事情会更好些，因为那时候思想通常处理一些不重要的事情。

关于意见的准确思考

意见通常没有价值，因为它们基于偏袒、偏见、偏执、猜测，或者传闻的证据。列举一下你会惊奇地发现，有多少人对于多少事有多少意见。他们的意见，除了他们的感觉，听了某些人说的话，在报纸上看到的信息，或者受到的影响，丝毫没有任何事实根据。我们的大多数意见都是我们受影响的结果。

关于建议的准确思考

由朋友和熟人提供的免费的建议，通常是不值得考虑的。为什么？因为免费的建议很少是基于事实，并附带太多的闲聊。

当你需要建议的时候，什么样的建议是最适合的呢？你如何获取呢？最好的建议是来自专家，或者被认为是特定问题领域的专家。去找他并为他的服务付费。不要向他寻求免费的服务。

我给你讲一个关于免费服务的小故事。

故事发生在加利福尼亚，主人公是我的一个学生。实际上，他在成为我的学生之前，是我的一个朋友。有 3 年的时间，他常常每周末来到我家里，花上 3 到 4 个小时跟我聊天。现在，我通常一小时会收费 50 美元，但是我没有收取他任何费用，因为他是我的朋友也是很熟的人。他来会获取 3 到 4 个小时的免费咨询服务，而且每次他来我都会给他建议。但是我知道他没有听进去我说的任何话。那种情况持续了 3 年。最后一次是在一个下午，我对他说："看着我，埃尔默，我已经给你 3 年的免费咨询了，你可恨到还没有听进去我一直说的话。你还没有听进去我一直说的一件事！我们马上就要开始一门精深的课程了，因此你为什么不像其他人一样参加进来呢，然后你将会开始获益。"他拿出他的支票簿，给了我一张支票作为这门课程的学费，然后他开始了学习这门课并一直学完。我想告诉你的是，从那以后，他的事业开始蒸蒸日上了。我还没有见过谁成长和发展得那么快。在他为获取咨询付出一些看得见的支出的时候，他开始听进去了并付诸行动。

那是我谈论的人性。我告诉你那是事实：因为没有付出代价，免费服务的价值就大打折扣。世界上每件事物的价值都在于为它所付出的代价。那么爱与友谊的价值是多少呢？它们到底有什么价值呢？试着获取没有为之付出代价的爱和友谊，看你能怎么样。那是两个你只能通过给予才能获得的事物。你只能通过付出真实才能获取真实，那是你唯一能够获取它们的方式。如果你只试图获取友谊和爱，而没有反过来付出友谊和爱的话，你很快就会消耗完人们提供给你的友谊和爱。

为自己思考

准确思考的人不允许任何人为自己做思考。有多少人允许环境、影响、广播、电视、报纸，或者其他人以及亲属为他们做思考？你能说出这些人的比例有多少？我听我的学生说过 97%、99%，或者甚至是100%。它没有那么高，但是我能告诉你到哪种程度。大多数人让其他人为自己做思考。

如果我有一项最值得骄傲的财产的话，你能猜出来是什么吗？它与现金无关，与银行储蓄无关，与债券、股票或那类事物没有任何的关系。它甚至比所有那类事物都有价值。我告诉你它是什么。

我已经学会了听所有证据和从所有可利用的资源中获取所有的事实，然后我把这些事实、证据按自己的方式整理在一起，最后做出自己的决定。那不意味着我是个无所不知的人，一个多疑的托马斯，或者我不需要寻求咨询。我当然需要寻求咨询，但是当我接收到咨询反馈的时候，我决定其中有多少我会接受采纳，有多少我会摒弃。

当我做一个决定时，没有人能否定那不是由拿破仑·希尔做的决定，即便它是一个在错误之上做出的。那仍然是我的决定，我做的决定。那并不意味着我是无情冷酷的人，或者我的朋友不能对我产生任何的影响。他们对我当然有影响。但是影响多大以及如何反馈由我来定。我从来不会允许一个朋友对我的影响到达我去伤害其他人的程度，仅仅是因为那个朋友想要那么做。

自己思考。我想天堂里的天使们，如果发现了一个人为自己思考时，他们会大声地说出来。不允许亲属、朋友、敌人或者任何人来阻止自己准确地思考。我之所以强调这个，是因为大多数人从来没有占用自己的思想。思想是每个人都有的最宝贵的财产，它是上帝给你的唯一你能够完全控制的事物。它也是一个人通常不会发现并使用的事物，却让其他人把它当成球一样踢来踢去(当然你不会)。

我不明白为什么我们的教育体系从来没有提醒人们意识到思考这一财产。**世界上最伟大的财产——一个足以应对你所有的需**

要——是的，使用你自己的大脑，思考你自己的想法，然后指引这些想法为你选择的目标服务。然而，你并没有那么做。

无论这门哲学涉及的是什么，它是以怎么样的方式开始触动人们的，结果都是使人们比之前更好。当人们发现自己拥有一个大脑，他们能够使用大脑，能够用它来做想要做的事时，就会有很大的改变。我不是说所有人都立即去占用自己的大脑。实际上他们愿意默默地逐渐改变。但是最终，生活中的事物开始发生变化，变化的原因就是人们发现了大脑的力量并开始运用。

注意来源

基于报纸上的消息形成意见是不可靠的。实际上，以“我在报纸上看到的”作为开始的讲话通常是说话人轻易下决定的标记。“我在报纸上看到的”或者“我听来的”或者“他们说的”。你是否经常会听到这样的话术？当我听到任何开始说话以“他们说了这个那个”时，我在精神上已经戴上了耳套，根本不听他们说的话，因为我知道那些话不值得一听。当有人开始给你信息以及确认信息资源时，说：“我在报纸上看到的”或者说“我听来的”。丝毫不要花一点注意力在他们所说的话上。不是说他们说的有可能不正确，但是，我知道信息来源是错误的，因此，他的陈述也是错误的。

抵御流言蜚语

丑闻制造者和传播者都是关于任何主题事实的不可靠信息的来源。他们不可靠也是有偏见的。当你听到有人以贬损的方式说他人的时候，无论你是否认识那个人，你都要仔细分析那人说的话，因为你知道你正听一个有偏见的人说话。你知道的。

人类的大脑是很神奇的。我惊叹于造物主在创造人类的时候是多么的睿智，给我们所有的装备、机器和用来甄别真伪的技巧。总是会有一些出现在虚假里的事物来警告它的倾听者注意。它是你能告诉和感受到的事物。当有些人说事实时也是一样的。

同样地，当你听到一个人被宠爱或者爱他的人夸大表扬的时候会是怎样呢？那是一种恭维，比起完全虚假的信息，信赖恭维的话，危险性稍微小一些。但是当然了，如果你想要准确的事实信息，那么就要像学习其他技巧一样学习辨别恭维的标志。

如果我把一个人推荐到你那里工作，附上一封很长的表扬信，或者给你打电话说这个人是多么的优秀，面对这样的情况你会怎么办？如果你是一个准确思考者的话，你会知道我在过分包装，你最好非常小心，看有多少信息可以接受，最好去外面做一点调查。我没有试图让你变成多疑的托马斯。我在努力让你注意到使用上帝赐予的大脑来准确地思考，去寻找事实（也许你找到的事实，并不是它们看起来的样子）。有很多自欺欺人的人，没有比一个人愚弄自己更糟糕的了。中国有句谚语：“我被一个人愚弄一次，羞耻在他；被愚弄两次，羞耻在我。”人们从来没有想着做一点准确的思考，或者一点调查。

愿望不是事实

很多人都有一个坏习惯，就是对事实存在幻想，总爱把事实幻想成他们希望的样子，要想找到一个能够准确思考的人，你不得不使用放大镜。你也会有点怀疑自己，不是吗？因为如果你希望一件事是真的，你经常会假定它是真的，并且你会把它当成真的一样做出反应。如果你爱一个人，你就会忽视他的错误。如果你十分爱一个人，你就可能从来都看不见他的错误。我们与自己崇拜的人在一起时，需要提醒自己要客观看待，因为我曾崇拜过很多人，结果证明他们是危险的——实际上是非常危险。我早年遇到很多麻烦，都是因为自己太轻易相信人了。我当年同意让人用我的名字，可他们并没有总是明智地使用我的名字。那种事发生过五六次，都是因为我太相信他们了。我相信他们因为我认识他们，他们是很好的人，他们说的话和做的事都是我欣赏的。你也会因为这些而忽视他们的错误。不要对那些激怒你并引起你重新审视自己的人太苛刻，因为那些激怒你但引起你深刻反省自己的人，也许是你今生从未有过的最重要的朋友。

我们乐于与认同自己的人接触，那是人的本性。然而，那些与你交好并赞同你的人（尽管那样非常好也很友爱）可能会利用你，他们确实会。信息是丰富，并且大多是免费的，但是真相有一个难以表述的习性并且会附带一个条件，这个条件就是你需要为了准确性而清楚无误地去检查信息，那是你至少要为事实付出的辛劳。

当一个思考者听到他不能接受的话时，他立即会问说话人，“你怎么知道的？你的信息从哪来的？”如果你略微质疑他们说的话，请他们确认信息的来源，他们就不能那么做了。我相信上帝是存在的。很多人都相信。但是我打赌有很多说自己相信上帝的人，当你盘根究底时，他们也不能给你提供一丝一毫的证据。当我说我相信上帝的时候，你可能会说：“你怎么知道的？”我对世界上关于任何其他事情的证据都没有对关于上帝存在的多，因为要是没有第一个起因和一种支持的力量的话，宇宙就不会一直持续直到时间的尽头。你知道那完全正确。然而，很多人用不诚实的方式试图证明上帝的存在，那根本构不成证据。任何存在的事物——包括上帝——

都是可以被证明的。如果没有很多现有可利用的证据，安全的方法是假定它不存在。当一种说法或观点没有可获得的事实做依据时，转向逻辑指导。没有人见过上帝，但是从逻辑上推理，有上帝存在的必要性，不得不有上帝存在，否则我们就不会存在了。要是没有第一个起因，没有一个更高智慧存在的话，我们就不能够在这里。

我们来谈一下所谓的逻辑。很多次你会有预感，有一种感觉，感觉某些东西是真的或者不是真的。注意重视那种感觉或者那些感觉，因为那也许是无穷智慧正努力让你使用一点逻辑。

比如你们中有人起床了说："我的明确需求，或者主要目标，是在即将到来的一年赚 100 万。"你认为我会问的第一个问题是什么呢？我会问："你打算怎么赚得呢？"我需要听到你的计划，然后在我听完你的计划之后，我会怎么做呢？我会接受还是拒绝呢？首先，我会衡量你和你赚 100 万的能力，你能为此付出什么。我的逻辑告诉我你的计划是否可行有效。那不会花费我大量的智力工作，但是，那么做会非常重要。我会阅览并分析你的计划。我会分析你、你的能力、你的经验、你所取得的成就，分析你会帮助的人和你能拥有的帮助你赚那笔钱的人。分析完，我会告诉你也许你可以做，或者我会指出也许你会花更多的时间（比如，2 年或者 3 年）。也许我会告诉你可能你根本就不能完成。如果我的逻辑推理告诉我那就是答案的话，然后我就会那样告诉你。

我的一些学生提出了一些我拒绝的主张。我不得不告诉他们完全忘记那些吧，因为他们在浪费自己的时间。那就是一个准确思考者的行事方式。如果我允许我的情感为我做思考的话，无论我的学生想做什么都没有问题，我会告诉他能做到。

这引出了一句著名的话：**"无论你的大脑构想出和相信什么，**

你的大脑就能实现。”我不想任何人误解那个引述，就像“无论你的大脑能构想出和相信什么，你的大脑将会实现”。我说：“它能够实现。”你看出两种说法有什么不同吗？它能够，但是我不知道它是否会实现。那全看你了，只有你知道。

使用大脑到加强信念，健全裁断、计划的程度。为了从信息中分离出事实，我们要进行以下严格的检验。

详细检查信息

仔细检查我们每天在报纸上看到或者从广播里听到的信息。养成不接受任何仅仅是你读到的或者听到的由一些人表达的陈述作为事实。含有部分事实的陈述经常是蓄意的，或者粗心的、被渲染的。换言之，一个真假参半的陈述比一个纯粹的谎言更危险。因为半真半假的信息会较容易欺骗一个只理解了一半信息的人，但是那人会相信它完全正确。仔细检查你在书中读到的每件事，不管是谁写的。不要不问问题就接受随便哪个作者的作品并作为令自己满意的答案。那也同样适用于文学、声明、演讲、对话及其他。下面是我为你提供的几个参考标准。

1. 作者是否为公认的该主题领域的权威人士？作者、演讲家、教师，或者做陈述的人是否被认可是他所陈述或写的主题领域的权威人士？那是你要问的第一个问题。

2. 作者或者说话人是否有一个别有用心的或者自私的动机而不是传授准确信息的动机？促使一个人写书、做演讲，或者在公众场合做声明的动机，以及私人谈话的动机是非常重要的。如果你能够理解一个人的说话动机，你就能准确地告诉他的话里存在多少真实的信息。

3. 作者对他所写或所说的主题有获利性动机还是其他利益？一旦你发现一个人所做事情的动机是什么，就不可能被他欺骗，因为你能够看穿他。

4. 作者是一个全面判断的人还是一个对他所写主题的盲信者？我见过很多人过度热情到达了一种狂热的程度。例如，如果你想要判断我，你不会从我戴的领带上判断我，我穿的衣服上，或者发型，甚至不会从我说话的方式或者我表达得多么不好来评判我。你不会通过任何以上的方式判断我。你会通过我对人们有多少朝善或朝恶的影响来判断我。那是你判断我的方法，也是你判断其他人的方法。你可能不喜欢一个人标榜的宗教或者政治，但是如果他在他的领域里做了很好的工作，帮助了很多人，没有做任何伤害性的事，你就不会介意他的标签。如果他带来的益处比坏处多，那么就不要谴责他。

在把他人的话当作事实之前，弄清促使他那么说的动机。弄清楚作者在言论上的信誉。同样小心过分热情的人说的天马行空的话。

谨慎

无论谁试图影响你，学会谨慎和使用自己的判断。在最后的分析中，使用自己的判断。如果你对自己的判断不自信怎么办呢？很多时候一个人不能相信自己的判断，因为他不是十分清楚他所面临的情况。那时就是他需要向有着更多经验或者不同教育背景或者思考更敏锐的人求助分析的时候。

避免显露出你想要从某人那里获取答案的迹象

从他人那里寻求事实答案时，不要向他们透露你的期望。为什么那么说呢？如果我对你说："顺便说一下，约翰·布朗过去一直在你那里工作，我认为他是一个非常不错的人，我想让他为我工作，你怎么看？"如果约翰·布朗有任何错误的话，我当然不会问你那样的问题，不是吗？如果我真想找到关于那位曾为你工作的约翰·布朗的信息，我如何获取信息呢？首先，我根本不会从你那里问信息。我宁愿联系一家商业的信用公司来获取你曾给出的一份关于他的公正的报告，因为那大概会给我提供一份你会提供给信用公司的但不会提供给我或其他任何人的信用报告。

如果你知道一家合适的获取信息的商业机构，你会惊讶于你会获取多少信息。当你直接去某人那里问询关于某个人的信息，除非那人非常友好，乐于助人，否则你可能不会得到真实的信息，你将会得到一个虚假的或者真假参半的信息。如果你问一个人一个问题，不要透露给他你对答案的期待。很多人都是懒的，他们不想太麻烦地去解释。他们会给出你想要的答案。那样你会非常高兴，一直相信它直到在它上面失败。

使用科学的方法

科学是组织和分类事实的艺术。那就是科学的含义。如果你希望确定你正处理的信息是真实情况，如果可以的话，寻求科学的资源来测试它。一个有科学精神的人，既没有理由也没有意向去修改或者曲解事实。如果他有那个倾向的话，就不是一位科学家，而是一个伪科学家或者一个骗子。世界上有很多伪科学家和骗子，假装知道自己不知道的事。

平衡理性与感性

你的情感不总是可靠的。实际上，大多时候，情感是不可靠的。在让你的感觉影响你太多之前，给你大脑一个机会来裁断手头的事务。头脑比心更可靠。什么样是最好的结合状态呢？两者平衡，因此两者都有平等的话语权。如果你这样做了，理性和情感会帮助你想出正确答案。忽略这样做的人通常都会懊悔。

准确思考的敌人

准确思考有以下主要的敌人。

1. 爱的情感。爱的情感被列在第一位。它是如何干涉一个人思考的呢？如果你那样问的话，我会马上知道你没有很多爱的经历。如果你曾经有过的话，你就知道它是多么危险了。它就像你拿着火柴在 TNT 周围玩耍一样，你不注意的时候它就爆炸了。

2. 憎恨、生气、嫉妒、恐惧、报复、贪婪、空虚、自我、不劳而获、拖延。所有这些都是思考的敌人。要不断留心观察它们，确定你远离那些品性，倘若即将到来的思考对你很重要，或者也许你的整个未来的命运都依靠你那次准确的思考。那不是准确思考所做的事吗？你未来的命运大部分取决于准确的思考或者欠准确的思考吗？如果不是那样，那么上帝给你完全控制你思想能力的用处是什么？那样的好处是什么？答案是思想对于满足你的所有需要是足够的——绝对的……至少在这个生命期限。我那么说因为我已经发现如何操纵自己的思想，使它处在我的控制之下，使它做我想要做的事情。我把我不想要的条件抛出去，接受我确实想要的，如果我没发现我想要的条件，我会做什么呢？当然了，我去创造。那就是明确的目标和想象力所要做的。

思想：永远带有疑问

你的思想应该永远都带有一个问号，质疑所有事情和所有人，直到令自己满意地知道所要处理的是事实。疑问在你的思想里安静地待着吗？避免被认为是怀疑的托马斯。不要口头质疑别人，因为那样不会有用。相反，在你思想里默默地质疑。而且，如果你太直言，就会使别人警惕，他们就会防备起来，你就不会从他们那里获取任何你想要的信息了。如果你默默地寻求信息和运用思考，你也许就会找到你需要的答案。做一个好的倾听者，但是当你听的同时也做一个准确的思考者。一个好的说话人和一个好的倾听者，哪个更好呢？

我不知道有哪种德行（或者品质）会帮助一个人与他人更好地相处。然而，我同样会说作为一个好的倾听者会更有利——一个分析性的倾听者——比一个好的说话者。

让你的思想永远带有疑问。我不是说你应该变成一个挑剔的人，或者一个多疑的托马斯。我的意思是，无论你与谁交往，都要基于准确的思考。它会提升你对你所拥有的每一种关系的满意度。如果你同样也拥有策略性的交际手段，你将会更成功。你会比你之前用轻易裁断的方式拥有更多实质性的朋友。如果你是一位准确的思考者，你的大多数朋友将会是你值得拥有的朋友。

遗传的思考习惯

你的思考习惯是社会遗传与生理遗传的结果。仔细观察这两个资源，尤其是社会遗传。

通过生理遗传你获取你身体的一切：你的身高、体形和皮肤，你眼睛和头发的颜色。你是你祖先们的总和，这些祖先你可能都不记得了。你已经继承了他们的一些优点和一些缺点，你不能为之做什么——那是静态的，是与生俱来的。

社会遗传是构成你的最重要的一部分。这包括环境影响，你允许进入你思想里的事情，你接受的作为你的特点的事物，那是迄今为止最重要的部分。

当所有知识资源和事实被耗尽的时候，你的意识作为你的指导者。小心使用它作为指导者而不是谋反者。

从检查情绪开始

如果你真诚地希望准确思考，你必须为获取这种能力有所付出。首先，你需要用理智仔细检查你所有的感情情绪。你最喜欢做的事情是你最应该检查的事情。确保这些事引领你获得某些事物，并且在你获得之后，你仍然喜欢。认真检验你心所想的事物，因为当你获取之后，也许你会发现，那根本不是你想要的。

一些人为了想要的事物付出了太大的代价，对此我能给出一千种解释。他们要么太急切地想要某些事物，或者试图从中获取太多，或者确实要得太多，或者没有获得心神的平静，或者不能平衡他们的生活。最悲哀的是来自我对与我合作建设这门哲学的富人的研究。事实上，他们没有用他们的钱获取成功对我来说是件遗憾的事情。

他们没有获取成功，因为他们变得过于迷恋金钱和权力。

意见基于事实

你必须改掉表达意见不是基于事实或者你相信是事实的习惯。你知道吗，除非你的意见是基于事实，否则你根本没有任何权利对任何事情形成意见？当然了，你有权利，但是我的意思是说，你有责任去假设你会遇到什么样的情况，如果你表达一个意见，而这个意见不是基于事实或者你所相信的事实的话，你不能用那种方式欺骗你自己。很多人因为相信没有根据的意见而欺骗了自己一生。你必须养成不轻易受人影响的习惯，不能仅仅因为你喜欢他们，或者他们和你相关，或者帮助过你，你就习惯相信他们。

掌管义务

我知道当你多付出一些，你是把很多人放在了义务之下。我想要你那么做。把帮助一些人当成自己的义务，完全正当合法，没人能挑出任何错误。但是小心被人们影响仅仅因为他们帮助过你。我现在的话是对为之多付出的人说的。你或许在那个位置上，要么是你不想而一些人却把你置于那个位置上的。养成一种习惯，去检查那些想通过你的影响而寻求利益的人的动机。

控制情感

为任何目的做任何决定都要控制爱的情感和恨的情感，因为两者中的任何一个都不能平衡你的思考习惯。没有人应该在生气的时候做任何决定。你不应该那么做。例如，教育孩子，在生气的时候纠正孩子的错误是不当的。十有八九，你都会说错话办错事，坏处要多于好处。如果你真生气了，不要做决定。在你抓狂的时候，不要对人做评价或发牢骚，因为那样做的结果会给你带来很大的伤害。

自律

自律这部分是单独的一课，但是这堂课也运用到自律和自控。成为准确的思考者很多时候都需要自律。你需要控制自己去说和做很多你要说和做的事情。等待良机。你有很多时间计划你怎样说和做才是正确的。一个准确的思考者，不会像一些人那样激动地说话，或者信口开河。在你说一件事情之前，仔细研究每件事情会对倾听者的影响。在你已经权衡了可能会对你和他人造成的影响后，再做决定或者计划。我能想出很多我能做的对自己有利而对你没有利的事情（也许甚至是伤害你的）。然而，我不会那么做，因为最终我会为那付出代价。

你明白，无论你对他人做什么都是对你自己做的。它会加倍地返还给你。在你彻底领悟这门哲学之后，你学会不去做任何不想让它反过来影响你的事情。你学会不去想、不去说、不去做不想得到报应的事或者后悔的事。

意见－事实

在把他人说的话当成事实之前，问一下自己他们的话是否有益。问一下他们，所谓的事实从哪里来的。当他们表达意见的时候，问一下他们是怎么知道他们的意见是没有问题的。我不想要他人的意见，我想要的是事实，然后我形成自己的意见。给我事实，我用自己的方式把它们整理好，准确的思考者如是说。

偏见、借口与辩解

学会特别小心检查一个人诋毁另一个人的所有陈述。它们往往是为了标榜他们没有偏见的（那么说是出于礼貌）。克服为你不佳的决定坚持辩解。准确思考者不会那么做，如果他们发现自己错了，他们就会像做决定一样改变决定。

借口、托词、辩解与准确思考从来不能友好地共存。然而我还没有见过不擅长为不能做的事制造借口的人，虽然不应该那么做。很多人都有一堆借口，在他们把借口一齐扔向你之前没有多大关系。不错的借口和辩解，除非它们听起来有你可以相信的东西，否则还不至于有多大危害。

如果你是一个准确思考的人，你将从来不会使用“他们说”，或者“我听说”，或者重复别人那样说的话。相反，确定信息来源并试图建立它的可靠性。成为一个准确的思考者不是一件简单的事。你要为此付出一些努力，这是值得的。不会准确地思考，会被他人利用，你就不会从生活中得到你想要的那么多事物，你将不会是一个思想稳健的人。

学会准确地思考，你必须遵守一些方法，你会在这堂课中发现这些方法。复习这堂课，认真学习，把你自己的一些想法和感悟记在上面，从现在开始做一些准确的思考。明天早晨开始把它付诸实践，或者在更早的时候。

把事实分成两类：重要的和不重要的。学会从信息中分离事实，确保你处理的是事实，说话也一样，陈述事实。把事实打碎，抛掉那些你已经为其浪费时间的不重要的部分。

法则 12

逆境重生

第十二条法则的中心主题是逆境重生，从逆境与失败中学习，也许用一个简单的句子就可以表述：每一个困境都蕴藏着与其同大或者更大的好处。痛苦、失败、挫折、损失——我们必定遭遇的不幸——是人类境况的一部分。没有人会一直赢。成功的人是不让逆境阻止自己前进的人。他们不屈不挠，把困难看成是建造更强大力量过程中的考验。挫败从来不是失败，除非被接受成失败。再一次，这个法则以测试的形式呈现在文本中，在这个章节里，你将会评估自己，看有多少导致失败的原因出现在你的生活里。

没有人愿意经历困难、不愉快的境况，或者挫败。在认真考虑真实境遇和自然法则之后，我相信自然是有意让我们所有人都经历困难、挫败和抵抗的。人们不喜欢挫折和困境，然而，我有必要告诉你，要不是我早年经历的那些困境，我今晚就不会站在这里跟大家分享我的演讲，也不能够使这门哲学传递到全世界数百万人那里。我遭遇到的反对使我变得强大、睿智，使我有能力完成这门哲学并把它以现在的形式带给人们。

如果我做选择，毫无疑问我会为自己选择容易的路径，就和你开始做选择一样。我们都倾向于找一条少有阻力的捷径。你知道捷径是所有河流的选择，一些人也会那么做吗？毋庸置疑，我们很多人都有那样做的习惯。无论我们做什么，我们都不想付出艰苦的辛劳。无论做什么，我们都希望用容易的方式完成。但是思想就像身体的任何其他器官一样，久置不用会变弱、萎缩、退化。最好的事情是遇见问题，境况迫使你去思考，因为没有一个目的，你可能不会做任何的思考。

失败的 40 种主要原因

有 40 种导致失败的主要原因——比成功法则的两倍还要多。我谈论的这 40 种原因，不是失败的所有原因，它们只是主要的原因。

知道自己弱点的重要性

自我检讨是一个你能做的最有利的事情之一。有时候你不想自我检讨，但是它对于我们了解自我非常必要——尤其是我们的弱点。

分享这门哲学，很有必要告诉你应该做的和不应该做的事情。跟随我的进度，在每一个原因旁边做批注并给自己打分，0 ～100 分。如果你完全没有问题，给自己打 100 分。如果你只是一半没有，给自己打 50 分。如果你根本就没有，打 0 分。完成后，把每一项的分数加起来，再除以 40 来获取你的平均分。

1. 没有明确的计划，变化无常

如果你没有优柔寡断的习惯，如果你能快速做出决定，列出计划并遵循那些计划，确切知道你的目标并开始行动的话，那么你可以在这项上，给自己打 100 分。然而，在打分之前要小心，因为在这一项上得满分是世界上很少发生的事情。

2. 身体上的障碍

我也许没有必要对关于先天的身体缺陷做任何的评论。一方面，它是导致失败的一个原因，另一方面，也可以是引起成功的原因。我曾经认识的一些成功人士也有很多是先天身体有缺陷的。

3. 爱干预的好奇心

没有好奇心，我们就不会去学习任何知识，我们就不会去调查任何事情。但是“干预的好奇心”涉及其他人的事情，一些没有真正关系到你的事情，对吧？如果你没有那样的毛病，你可以给自己打 100 分。你会给自己打多少？随着你回顾自己过往的经历，你可以测定控制这个缺点到了什么样的程度。

4. 缺少目标

缺少目标，尤其是指缺少一个明确的主要目标作为人生目标。如果你没有人生目标，那么请在这里给自己打 0 分。

5. 缺少教育

我发现的一件最令人震惊的事情之一是，学校教育和成功之间有很弱的关系。我想让你思考这个问题。在我认识的最成功人士中，接受正规学校教育的非常少。

很多人取笑自己，认为没有成功是因为他们没有受到大学教育。大学毕业后，你以为所学应该有所回报，而不是因你的所为，如果你那样认为的话，那么大学教育并没有给你带来什么好处。迟早，你会发现不会因为你所知道的而得到回报，你将会因运用所知而有所为，或者你能让别人有所为而得到回报。

6. 缺乏自律

缺乏自律大体表现在过度吃喝，对自我提升和进步的机会莫不关心。缺乏自律，我希望你能在这一项上给自己打很高的分数。

7. 缺少雄心

缺少雄心是不能让目标超越平庸的。你有多少雄心呢？你想要从生活中获取什么，你打算满足于什么？“一战”后我遇到一名战士，那天他说他想要一个三明治和一个晚上睡觉的地方，但是我没有让他那么做。我跟他说他的满足要高于那个，结果是他想在接下来的 4 年里变成一个大富豪。目标高一些不会给你带来任何损失。你可能没有获得你的目标那么多，但肯定比根本没有目标要多。把视线抬高，有雄心并决心在未来实现过去没能实现的目标。

8. 身体状况不佳

身体不健康常是错误思考和不当饮食的结果。关于身体不健康，人们有很多借口。我能使你确信。他们有很多想象出来的病症（在医学上称作疑病症）。我不知道在什么程度上你把自己娇惯成那个样子，如果你有，给自己在这一项上打低分。

9. 不顺利的童年

童年时期不利的环境会有什么影响呢？有时你会发现童年时期的负面经历对一个人的影响会伴随人的一生。我十分确定，如果我的童年一直就像开始的时候（在我的继母到来之前），不发生任何改变的话，我真的会变成第二个杰西·詹姆斯（美国历史上最传奇的匪徒）——也许只有我会比他开枪更快更准。

10. 欠缺坚忍

欠缺坚忍是没能履行一个人的职责。人们没能坚持到底，做正确的事情，主要原因是什么呢？缺少动机，那就是答案。我会在我想坚持做的任何事情上坚持到底，如果我不想一直坚持，我会找到很多借口不去做。当你从事某件事的时候，持之以恒有什么好处吗？或者允许你自己被分心有什么好处吗？你如何在这一项上给自己打分？你是会坚持到底还是容易转移目标？当有人批评你时，你是会较容易受阻挠吗？相信我，我要是害怕批评的话，我就什么事都做不成。事实上，我越是遭到批评，越是充满斗志，会做得更好。

有很多人失败是因为他们缺少去完成的动力，尤其是当进展困难的时候。无论你做什么，你会经历不顺利的时期。如果是一家新的企业，你在开始的时候也许会缺乏资金。如果是一份新的工作，你需要重新认识你不认识的雇员——你得重新获得那份认可。你需要在一开始的时候学会坚持，在进展总是不顺利的时候学会坚忍。

11. 消极的态度

人们会有思想态度消极的习惯。你负面思想的时候多还是积极思想的时候多？当你看见一个炸面圈你首先看到的是什么？你先看到的是洞还是面圈？当然了，你不想要那个洞，你吃面圈。但是有很多人遇见一个问题时，就像看见炸面圈上面的洞一样，抱怨这个洞取代了那么多的面。他们没有看到面圈本身。这就是负面的思想态度。

一个有着并保持负面思想态度习惯的人，他的结果会是什么样呢？你不能因为这个把他送到监狱里去。你不能因为这个去控诉他。负面的思想态度排斥人。一个积极的思想态度吸引什么？它吸引与你同质的人。就像亚里士多德说的："羽毛相同的鸟儿，自会聚在一起。"

是谁控制了你的思想？是谁决定你的思想是积极的还是消极的？我想让你给自己打分，在一定程度上运用你的那个特权——最珍贵的财产——思想。你唯一的特权是决定你的思想是积极的并且一直保持那样，或者允许生活的环境使它变得消极。你不得不保持你的思想是积极的，为什么？因为有那么多负面思想在你的周围——那么多的人，那么多的境况——如果你让自己变成那些负面环境的一部分，而不是在大脑里创造你自己的思想，你就会变得消极。你是否对负面思想和积极思想有着清晰的概念？你能在当你的思想是积极的时候或者是消极的时候画出大脑中发生的事情吗？你注意到在你害怕时的成绩和在你不害怕时（无论是销售、教学、演讲、写作或者其他任何事情）的成绩有什么不同吗？

罗斯福总统的第一个任期，是糟糕的大萧条时期，在我为他工作的那段期间，我写出了《思考致富》。我用与别人同样消极的思想态度写（换句话说，我的负面态度不知不觉地受到了大众的影响）。几年之后，我再次拿出那本书来读，我意识到那本书太消极了而不适合出版。读者会感染上作者在写书时的思想态度，无论作者用什么样的语言或者术语。当我有了一个新的思想框架时候，我坐在打字机旁。就像我们说的，我“突然明白”——绝对的积极——我在那种思想状态下写那本书，使它轰动一时。在你消极的时候你承担不了做任何事情，任何期望对自己有利的事情，期望能影响别人的事情——如果你想让别人与你合作，如果你想卖给人们一些东西，如果你想给人留下好的印象，直到你是在积极的思想状态时，才去接近他们。

精确地在这一项上给自己打分。依据自己平时保持的状态打分，不是依据特定时刻的思想状态。有一个很好的方法可以遵循，来决定你是更积极还是更消极：观察你早晨醒来起床时的感觉。如果你没有在一个好的思想状态里，我能告诉你，是因为在那段时间里很多思想都是消极的。你让你自己的思想消极而变得病殃殃的，然后它会在第二天清晨把自己表达出来。当你从睡梦中醒来的时候，你正是展现夜里所受潜意识影响的时候。潜意识整夜都很忙碌。如果你醒来的时候很愉快，你想继续做你打算今天要做的事情，那么说明前一天或者前几天你是十分积极的。

12. 不加克制的情感

情感既是积极的也是消极的。你有没有意识到，就像控制消极情感一样，有必要控制你的积极的情感？为什么？例如，为什么我想要控制爱的情感呢？一个女人回答说：“爱能使你掉进热水里，它能烫伤你。”（她一定有过那样的某些经历）对金融收益的渴望情感怎么样？你需要控制对于金钱的渴望吗？你不害怕获取太多是吗？也许用了错误的方式获取，或者使你的情感上升到你想要获取太多。我见过很多非常有钱的人，尤其是没有努力就获得很多钱的人，或者是继承来的人。

你会有兴趣想知道为什么他们叫我拿破仑吗？我会告诉你因为它很有意义。因为我是家里的长子，父亲以继承我伯祖父的名字给我取名。伯祖父拿破仑·希尔，是美国田纳西州孟斐斯人，他是一位棉布代理商，也是一个大富豪。我猜想父亲当时想的是，伯祖父去世后，我能继承一些钱。好吧，伯祖父去世后我一分钱都没有得到。当我发现我不会得到一分钱的时候，我感觉非常糟糕。在我用自己的青春换取智慧，并观察那些确实继承一些钱的人的经历，我反而心存感激，感激当初自己没有继承到伯祖父的财产，因为我学到了比别人给我金钱更好的为自己赚钱的方法。

13. 不劳而取

渴望不劳而取，实际上是渴望得到某些事物却不愿意付出足够的努力。你有过那种倾向吗？我们当中有谁没有那样的时候呢？你可以犯错误，但是你要想着发现那些错误并开始改正——那就是我们做这个分析的原因。这是你的一次机会，来面对面，同时作为法官、被告、公诉人，你来做最后的裁决。你自己找到自己的错误要远比我为你找到好得多。因为如果你发现了错误，你就不会有任何借口，你会努力去改正。

14. 不能做决定

你有果断做出决定的习惯吗？还是你做决定很慢呢，在你做出决定之后，你认可第一个过来反对你的人吗？你允许周围的人在没有一个周全的理由时反对你吗？在你做出决定之后，在什么程度上你会坚持你的决定？什么情况下你会推翻已做出的决定？

保持一个开明的思想，不要做了一个决定就说："就那样了，我会永远都坚持。"因为可能后来事情的进展会促使你推翻自己的决定。有些人是固执的，无论对与错，他们一旦做出决定，死也要坚持。我见过很多人，宁愿死也不愿意推翻自己的决定或者让某些人推翻自己的决定。当然了，你不会那么做。你可能曾经那样，但是在你领悟这门哲学之后，现在你不会那样（或者打算从此以后不那样了）。

15. 过度担忧

我们生存的世界是奇妙的。我很高兴自己来到这个世界上，我很高兴做自己。如果有不愉快的事情发生，我也会为此高兴。因为我将会发现自己和环境谁更强大。只要我克服过去，我就不会再担心。我不会担心反对我的事情，讨厌我的人，针对我说难听话的人。我担心的是在有人说了针对我的话，我经过自我反思之后，发现他们说的是事实。只要他们讲的不是事实，我会站在一旁，嘲笑他们是多么愚蠢，做了那么多伤害他们自己的事。

16. 择偶不慎

失败的第16个原因是在婚姻中选错了配偶。不要太快在这一项上给自己打分。在给自己打分之前看一下四周，如果在这方面你100%犯了错误但有可以弥补的话，也许你可以重新出售你自己。我知道可以那样做，你呢？有些人相信所有的婚姻都是上天安排好的，如果是那样的话，婚姻会是个不可思议的事情，但是我看到一些婚姻并不是上天安排好的，我不知道那些婚姻是怎样促成的，但是当然不是上帝的安排。

我也看到过不是上帝旨意的商业婚姻或者商务关系，我帮助过很多人改正不和谐的商务关系。

在家庭关系中，除非上层关系是和谐的，家才能是快乐的。和谐源于忠诚、可靠性和能力。那是我评价人的标准。如果我想选择一个人担任高层职位，我要确定的第一件事是，这个人是否对他应该忠诚的人忠诚。如果不是忠诚的，我不会让他担任。第二我要看这个人是否可靠，他是否能在正确的时间和地点做正确的事情。第三个是能力。我见过很多有能力的人但是不忠诚、不可靠，因此，非常危险。

17. 过分谨慎

第 17 个原因是在商务关系和职业关系里过度紧张。你见过过度谨慎的人，从来不相信自己的岳母吗？我认识一个过分小心的人，他有一个特别的腰包，上面还带着锁。他把钥匙每晚都放在不同的地方，这样他的妻子就不能翻他的裤子把钱从他的钱包里拿走。我打赌他的妻子是爱他的。

在商业和职业关系里过分小心，又在所有人际关系里缺少谨慎。你见过那样的人吗？他们毫不谨慎，从来不在意要说什么，说的话会对他人有怎样的影响。你见过那样的人，是吧？我见过有人的舌头比一把全新的双锋吉利刀片还要锋利。我还见过有的人会接受销售员销售的所有东西，甚至都不看说明。你见过那样的人吗？

你当然不会像上述那类人一样。你知道你可以十分小心，也可以不太在意。在这堂课中，在准确思考里有一个巧妙的方法，就是在你做之前仔细检查你要做的事情，不是在之后，在说话之前评估你要说的话，而不是之后。

18. 轻信人

在这项上给自己打分可能会颇有难度。坦白来讲，在第 17 项和第 18 项上，我给自己打出准确的分数也是有困难的，因为平时生活中有很多时候我根本是不谨慎的。我认为我早年遇到麻烦，原因就是我轻易地相信了太多的人。很多人过来奉承我，使我同意了他们使用拿破仑·希尔的名字，然后他们出去胡乱说欺骗了很多人——都打着拿破仑·希尔的名号。在这种事情发生过多次之后我才变得谨慎。那样的事情可以发生在你认识的很多人身上，但是我不想变得如此小心谨慎，以至于没有原因地不相信任何人。如果那样的话，生活中就不会有乐趣了。

19. 选错合作伙伴

有多少次你听说过有人陷入了麻烦是因为找错了合作伙伴？在我的生活中，我还没有看见过年轻人变坏或者走错方向的原因不是受他人影响的。我曾见到过的步入歧途的少年都是受他人的影响。

20. 错误的职业

第 20 个原因是选错职业或者完全忽略选择职业。大约有 98% 的人在这一项上会得 0 分。当然了，学习过这门哲学的第一个内容——明确的主要目标的学生，在这一项上的得分会比别人高一些。给自己在这一项上打 0 或者 100 分，没有中间得分。你要么有一个主要的明确的目标，要么没有。你不能在这一项上给自己打 50 或者 60 分或者其他的分数。

21. 缺乏专注力

缺乏专注力就像有着广泛分散的爱好一样。你不能分散你的兴趣或者把它们分散在很多不同的事物上。一个人没有强大到可以这么做。生命过于短暂而不能确保你在有限的时间内成功，除非你学会一个时刻专注在一件事上，并且要坚持到底把它做好。

22. 没有科学的金钱预算

在第 22 项上给自己打分也许会有点困难，缺乏科学合理的预算，没有一个系统的方式来控制收入和支出。你知道一般人是如何管理预算问题的吗？他依据能从别人那里获得的信用度的多少，当信用度下降了，他或多或少会收敛一点，但是在那之前，他仍会疯狂地花钱。

如果没有一个控制收支的系统，一个商业公司就会倒闭。那就是公司里主管会计的作用。

23. 没做好时间预算

时间是你拥有的最宝贵的财产。在每天的 24 小时里，一个人通常花 8 个小时睡觉，8 个小时工作，另外 8 个小时是自由时间。

作为一名美国人，我们可以用那 8 个小时做任何想做的事情。你能够犯错，花销，养成好的习惯或者坏的习惯，接受再教育，等等。但实际上你用这 8 个小时做了什么呢？那会是你在这个特殊问题上给自己打分的决定性因素。你做好充分利用时间的预算了吗？你有一个预算时间的系统确保你所有时间都有意义吗？

前 16 个小时被自动利用了，但余下 8 个小时没有。你可以很灵活地做你想要做的事情。

24. 缺少热情

毋庸置疑，只要你能像打开和关闭水龙头或者电灯那样控制热情，热情就属于最有价值的情感之一。如果你能在想要热情的时候开启它，不需要时关闭它的话，那你就可以在这一项上给自己打100分。缺少那样做的能力在某种程度上会朝着0分给自己打分。

你如何来控制你的热情呢？你曾思考过你的意志力吗？意志力的作用是什么呢？你有意愿的力量，那么它的作用是什么呢？它是为了鞭策你决心做成某件事情和形成你想要的习惯。

我从来都不能决定哪种情况更糟糕：根本没有热情（像一条冰冷的鱼），或者热情过度（超出了控制）。两种情况都是不好的。如果有人现在使我抓狂，我会关闭我的热情，然后开启其他情绪。那也许更加合适。但是有时候开启生气的情绪比开启热情的速度要快，我不能很容易地关闭生气。那就是你需要克服的。拥有开启和关闭你的任何情感的能力。

25. 偏狭

偏狭是基于无知或偏见的一种封闭的思想，是与宗教、种族、政治、经济相关联的思想。你在这一项上如何评估自己？如果你能给自己打100分并很诚实，说你对所有的事物、对所有的人，一直都有一个开明的思想态度，那你是令人钦佩的。然而，如果你能那么说的话，你就不是一个普通人了，而是圣人。

我想有些时候你是能够让自己的思想对所有的事物都开明，至少有些时间可以。我知道我能够，至少一会儿。然而，如果你不能给自己打100分，不能诚实地说你一直都可以对所有人、所有事有一个开明的思想的话，下一件最好要做的事情是什么呢？当然了，就是要努力去做到宽容。我们有的时候是宽容的，你越是努力宽容，你将最终会养成宽容的习惯而不是偏狭。

绝大多数人在与人接触时，会马上从他人身上寻找他们不喜欢的缺点，他们总是会发现。但是也有另一种类型的人，他们总是更成功，更快乐，也是更受欢迎。无论是熟人还是陌生人，他做的第一件事情不仅是寻找那个人身上他喜欢的某种事物或者品性，而且还会去夸赞他人，或者做一些对他们的好品质表示认可的事。关于这一点我有强烈的感受，当有人走过来跟我说："您是拿破仑·希尔吗？"我说："是的，我很惭愧。""哇，希尔先生，我想告诉你，我从你的书中获益有多大。我因它而兴旺发达，我爱它，它给我带来很多好处。"我很享受这种感觉，当然了，除非他们说得太夸张（你也可以那样做）。我的意思是，我没有见过有人会对夸赞自己的人不是那种反应。纵使他们的本性是坏的，即便是一只猫咪，如果你抚摸它的后背，它也会卷起尾巴打呼噜。猫儿不是非常友好的，但是如果你做猫儿喜欢的事情，你可以把它变得友好。

26. 不善合作

不善合作的意思是没有一种和谐的精神与他人合作。我想有很多环境，不合作是有道理的。我经常会遇见一些想让我为他们做一些事情而我不会去做的人。他们想要用我的影响力，想让我为他们写推荐信，或者打推荐电话。我都没有做，或者以任何的方式与他们合作。除非我确定要合作的对象是谁，并且支付了报酬。你也许也想要那样。

27. 不劳而获的财富

你有不劳而获的财富吗？我希望你在这一项打分上不会有任何的麻烦。

28. 缺少忠诚

失败的另一个原因是缺少对应该忠诚的人忠诚的精神。如果你的内心对你应该忠诚的人忠诚的话，或许你可以给自己打 100 分。除非你一直练习，否则你不会得 100 分，你的得分会低一些。

顺便提一句，如果你给自己打分少于 50 分，请在这里画个叉，回去学习这特殊的一项。对于这些失败的原因，至少有 50％应该是你能够控制的。如果低于这个水平，说明你已经到了危险的程度。

29. 意见不周全

你有形成意见不是基于已知事实的习惯吗？依据你那样做的程度给自己打分。如果你这一项上得分低于 50，马上开始做自己的事情——停止形成意见，除非是依据事实。

当我听到有人表达关于某件事情的意见，我有理由相信他对此一无所知的时候，我总是会想起两个人讨论爱因斯坦的相对论的故事。他们的争论到了白热化程度，一个人说："关于政治，爱因斯坦了解吗？"他以为他理解相对论，不是吗？像那样的人有很多，他们有关于每件事情的意见。他们能够比艾森豪威尔（美国的第 34 任总统）更好地管理国家。他们可以告诉约翰·埃德加·胡佛关于如何工作的一些事情。他们总是能够帮朋友工作并提升朋友。然而，如果你非常细心地审视他们，他们自己并没有做得多好。

30. 缺少自我约束

自负和虚荣都是很奇妙的。如果你没有一点虚荣，你就不会洗脸，不会理发，把头发烫成卷发或者波浪形。你需要有一点虚荣，一点骄傲，但是你不能过于虚荣。我认为口红是个很奇妙的东西，如果它没有蹭到我的衬衫上的话。但是过于虚荣，就像涂了太多的口红一样。擦在脸上的胭脂也是一个奇妙的事物。当我看见一个 60 岁或者 70 岁的老人在化妆之后看起来像个 16 岁的小姑娘的时候，我知道她在自己欺骗自己，而不是欺骗其他人——因为她当然没有骗到我。

自我也是不可思议的。很多人需要建立自我，因为他们允许生活的环境击败自己，直到没有了反抗，没有了首创精神，没有了想象，也没有了信念。你若能够控制好自我，并不会使他人不愉快，人类的自我就是非凡的。我还没有看到过一个成功的人，在开始做事时，不充分信任自己能力的。这门哲学的一个目的就是使你建造自我，去做你想要做的无论什么事。有一些人的自我需要受一点打压（甚至需要压碎，如果你明白我的意思的话），但是我还是想说更多的人需要建立他们的自我。

31. 想象力不够丰富

我从来都不能确定想象力是天生的还是后天习来的。我认为以我为例，也许我的想象力是天生的，因为我有很多想象可以回溯到我能记得的早年的时期。那是一件让我犯难的事情之一——我有太多的想象力，但没有朝着正确的方向引导它。

32. 不愿多付出

当你养成多付出一些的习惯，你会从中获取很多快乐，你把很多人放在义务之下——出于自愿——因为他们不会介意在你的自愿的义务之下。如果你有足够的人在你的义务之下，你就没有理由不合法使用他们的影响力、教育和能力帮助你获取成功了。

你知道如何让人去做你想让他做的事情吗？就是先为他做一些事情。为他人做一些有用的事是多么容易啊，你甚至都不用去问他。名单上一长串的名字，就像一支军队一样准备好了时刻去帮助你，但在你真正需要帮助之前，你怎样培养好那支军队呢？你不能这一刻多付出了，下一秒就转过身来让那个你为之付出过服务的人给你两倍的服务。你不能那么做，因为那样不会奏效。

你要提前建造对他人的好意。再一次，刚好有很多人为了眼前的利益，愿意为你多付出一些。他们把你放在义务之下，他们没有充分地计划好允许你忘记它，然后，他们在给了你一个帮助之后，转过身来，向你要两个或者三个。你有过那样的经历吗？你见过犯那样错误的人吗？

如果我不得不选出一个对你用处最多的法则的话，我会选付出更多法则。那是唯一一件任何人都能控制的事情，如果他们想控制的话。你不用向任何人申请那种权利。但是，在你开始做的那一刻，你就与众不同，因为大多数人都没有那么做。

33. 报复的渴望

你有过想要报复真实的或者是想象出来的不公平的渴望吗？哪一个更坏，报复真实冤情的渴望（例如去伤害曾伤害过你的人）或者报复想象出的冤情的渴望？考虑一下。

当你表达报复的时候你会遭遇什么？它有伤害到他人吗？渴望报复会伤害你自己，它会使你变得消极并且毒害你的思想。如果你长期有那种渴望，它甚至会毒害你的血液，因为任何思想态度都会达到你的血液里——干预你的健康。

34. 辩解

你知道有人有制造借口的习惯吗？如果你犯了一个错误，到什么程度你开始马上寻找借口，做一些结果证明是不对的事，而忽略了你应该做的正确的事？你会说“是我的错误，我承认是我的责任”，还是开始找借口？给你的习惯在这一主题上打分。

如果你是一个普通人，你为自己所做的寻找借口。如果你不是一个普通人（我确定你不会是，如果你被正确地灌输了这门哲学的话），你就不会寻找借口。你知道借口会使你变弱，它就像你依靠的一根拐杖。相反，承认你的错误，承认你的弱点，承认你的过失。毕竟，自我坦白会净化并升华灵魂。

当你真正知道你的错误是什么并坦诚地承认时，你不必把它们说给全世界的人听，但是，要在应该承认的地方承认。几天之前，我的一个学生来我的办公室找我，跟我坦白了她的过错，这对她来说，比任何事情都要好，因为她是一个非常年轻的女孩。这个女孩之前是痛苦的，因为她还没有学会区分她对事物的需要和她获取事物的权利。她急需一些事物，她愿意通过错误的方式获取，但是，很多人都会犯那样的错误。他们不明白他们需要的事物和有权获取的事物之间有什么区别。

35. 可靠性不足

这一项上打分也许对你来说会有点麻烦，大体来说，你知道你是否可以信赖，或者你的话是否可信。你知道你的行为、你的工作是否可靠。你知道你对妻子、丈夫、孩子来说是否可靠。你知道你在家庭关系中是否可靠。你知道你对于你的信誉关系是否可靠。

对于朋友来说你很可靠，不是件很棒的事吗？无论发生什么，你总是会准确地知道他们在哪里。在你爱的人中拥有可信赖性不也是件非常好的事吗？你知道他们在任何时候都不会因为任何原因放弃你。如果在生活里你有 6 个那样的人——在任何的境遇里都非常可信赖——你是多么的幸运啊。我想说，如果一生中，你能拥有 3 个那样的人，你就确实很幸运了。

全世界我认识那么多的人，能够在任何境遇里都可信赖的人不足 10 个。可靠性，它是多么伟大啊。

36. 缺乏责任感

缺乏责任感是一个人不情愿承担与报偿相对应的责任。换句话说，你渴望生活中好的事情——一份好的收入，一个好的家庭，一辆好车，一年四季的好衣服——但是你不愿意承担获得这些要付出的辛苦。你在这项如何给自己打分？你愿意为从生活中得到的所有事物承担必要的责任吗？那就是你给自己打分的依据所在。

37. 不遵从道德

当违背道德对你有利的时候，你会经常那么做吗？你有没有把道德心撇在一边的时候？你跟自己的良心说：“现在不要看，因为你想参与的那个小交易看起来有点不光彩。”你那样做过吗？你若那样做过几次还可以，但是如果那样做成了你的习惯，你就是把自己的道德心转变成了一个成全你可能想做的所有卑鄙事情的同谋者。那样就糟透了。

道德心是智慧的造物主给你的，因此你常常会知道什么是对的，什么是错的，不用问任何人。如果你能够在任何境况下都遵从自己的道德心，让它作为你的指导者，你就是非常幸运的人，你正确地使用了自己的道德心。但是，有时候你会犹豫不定，把道德心放在了一边，那你就要给自己打低分，并开始为那个分数做一些改变。

上帝给每个人一种裁断力来审判自己的所有行为、所有需要、所有想法，告诉自己对与错。

38. 不能释怀不可控之事

现在是关于对不能控制的事有着多余的担心的习惯。你如何在这一项打分呢？如果你不能控制你担心的事情，你能为此做些什么呢？你能调整自己适应不可控的事情，用积极的态度去适应，以至于不被它击倒，或者你可以把那种担心转变成你能控制的事。

39. 把暂时的挫折当作失败

你知道暂时挫折与失败之间的区别吗？你思考过那个问题吗？首先，失败，不论什么情况下，只有你接受它是失败的时候才是失败。也许那只是暂时的挫折，但是当然不是失败。谁决定目前的一个结果是一个暂时的挫折还是失败？你是唯一有权决定的人。

40. 不灵活

你擅长适应生活中多变的环境吗？思想缺乏灵活性是失败的一个原因。

有很多人为自己会死去而苦恼。他们为生活中每天都会出现的荒谬的、不重要的小事而消损生命。地球不会因为某个人的得失而停止转动，你不能改变不可控的事情，那么就去适应，变得灵活。

作为这门哲学的一名学生，也许你在这一项上给自己大约 80 分。关于灵活性，大多时间你调整自己适应不喜欢的环境而不是对环境手足无措而被它击败。

你可能有我在这里根本没有提到过的导致失败的特别原因。我在这里列举了一系列引起人们失败的原因，如果你有一个特别的原因的话，一起来看看它是什么，可能是最令人感兴趣的事了。但不管怎样，最重要的是你能对这 40 个引起失败的原因马上做一些改变。要不然我让你做的这些分析有什么用呢，对吧？

你能够瞬间移除所有这些原因。有些人需要花点时间养成更积极的习惯。大多数原因你可以在一夜之间移除，决心这么做，并决定创造一个更愉快的环境。

你能够消除这些引起失败的原因，无论在你的生活中有过什么样的困境。回顾一下最近的 10 年，看一下你曾遭遇的每一种不愉快的境遇。现在寻找一下那里存在的对应的好处，即便那时候你没有发现也没有利用它。在不顺利的境遇中很难发现对等利益的种子，尤其是当伤口还没愈合隐隐作痛的时候，但是，给它一点时间，使你的思想决定无论在什么境况下你都不会被击倒，然后回去重新认真评估它，你会发现你将从中学会一些有价值的东西。

法则 13

学会合作

在 16 世纪，伟大的英国诗人约翰·邓恩写出不朽的文字："没有谁是一座孤岛。"大概是这一行字勉励着希尔博士把合作当作是这门哲学的支柱之一。合作是第 13 条法则，也指的是团队合作。

这个简单明了的事情为何如此重要呢？考虑一下：有哪些实质性的长久的成就——曾经有的或者将会有的——是由一个人独自完成的，如果有的话，也是非常少的。我们都需要其他人的合作。即便是著名的孤独发明家也需要有产品经验的人帮他生产和包装他独自在地下室或阁楼上完成的发明。为了能让消费者接触到他的发明，他需要市场人员为他的发明做广告宣传，还需要有销售员和零售商来帮助销售。

你知道人类的结构——家庭、学校、政府或者企业——如果没有成员们为共同的目标和谐合作的话，哪一个能够真正地获取成功？合作是如此有力量的想法，因为它涉及了发展和利用人类精神的特殊一面。我们精神的一部分认可人的单一性和人类的伙伴关系。真正的合作不允许自私和贪婪。

合作分为两种：一种是迫于强制力，另一种是出于自愿（由动机驱动），即强制性合作和自愿性合作。

强制性合作

很多合作是迫于某种形式的强制力。例如，很多雇员与他们的雇主合作，就存在一定程度的强制力。一种威胁是，如果他们不合作，就会被解雇。当然了，也存在一些情况，就是雇员与雇主的合作是双赢的，因此他们会自愿地合作。

任何基于强制力的合作都是不可取的。人们只有在不得已的情况下才会在强制性的基础上合作，一旦他们到达不愿忍受的程度，他们就会不受束缚。

自愿性合作

相对来讲，美国有一小部分的雇主知道让他们的雇员在自愿的基础上与他们合作的好处。那些公司里面存在友善，那是建立在给雇员利益的基础上。

合作与智囊联盟的对比

当合作是基于协调的努力时，或者当它没有必要涉及明确目标法则或者和谐原则的时候，合作法则与智囊联盟法则是有区别的。例如，一支军队在上级军官的指挥下，在军事上展现了一种巨大的合作精神，但那不一定意味着他们之间存在和谐，或者他们喜欢那样做，这里面有一定程度的强迫力。他们正在做的是他们不得不做的。有时候他们喜欢做，但有的时候他们不情愿做。

可以确定的是自愿性合作是智囊联盟法则的一部分，是伟大的个人力量得以实现的媒介。如果没有合作法则和智囊联盟法则帮助的话，没有人会获得那样的力量。

合作在四个主要的关系中是必不可少的：家庭关系、工作关系、社会关系、企业关系（政府企业和自由企业）。如果在这四个领域里，每一位公民都参与合作，我们会有一个比现在更好的国家。

智囊联盟法则之外的合作例子

我来给你举一些智囊联盟法则之外的合作的例子：

（1）士兵，在军队的规定下工作；（2）雇员，在雇佣的规则下工作；（3）政府官员，在国家的法规下工作；（4）职业人（例如律师、医生、牙医），在职业准则下工作；（5）国家的公民，在独裁者之下生活。

智囊联盟法则如何为合作增添力量

当合作法则与联盟法则结合时，合作性的努力呈现出伟大的力量，这涉及和谐和共享的动机。我会用政府官员们与大多数人和谐工作并被支持的例子来做解释。

在罗斯福总统的第一个任期里，经济萧条的出现为人们创造和谐提供了动机——一个为所有人利益的经济复苏的渴望。我还没有看到过一个比我在罗斯福执政期间更好的关于通过合作法则与智囊联盟法则结合力量的例子。在总统的身后，我们都有一个动机，那个动机是自我生存。我们处在危险的紧急情况中。我们不得不关闭银行，站在总统身后，无论我们认同他的政治原则与否，我们都要那样做。我们在大范围内那么做是在等待一个时机，一旦情况不再紧急或者转好，智囊法则与合作法则便开始解体。在罗斯福最终走出办公室之前，国家还存在剧变，缺少和谐，还有很多其他的引起人们担忧和懊恼的事情，更别提损失了。

当公司面临倒闭时，雇主和雇员的共同动机，促进了亚瑟纳什服装公司的和谐融洽。在我出版《黄金法则》杂志期间，我接到辛辛那提纳什服装公司的董事长纳什先生很急的电话。他想让我去辛辛那提见他，当我到那里后，我发现他陷入了麻烦中，他破产了。他找不到可以解释的理由，他的公司，多年来一直盈利，突然变得亏损，事业下滑到不能支付工人的工资。

我了解完纳什先生的境遇后，我说："只有一件事可以挽救你的公司。你要制订出一个计划，从而员工有一种新型的雇佣关系，当他们把心思放在工作上，就能帮助你挽救公司。"我们制订出了一个计划，在年底的时候，除了付给员工正常的薪水外，还分给员工由收益百分比构成的分红。还有很多细节我就不详述了，但那就是计划的总体思路和实质内容。

纳什先生把他的所有员工召集到一起开会，告诉了大家他的想法。他说："首先，我认为我应该告诉大家公司破产了。我们没有足够的钱来支付下周的薪资单。很长一段时间，公司利润处于下滑状态。我注意到员工们正在失去兴趣，过去旺盛的热情也不存在了。精神已经没有了，除非我们重新拾起那种精神，每个人带着自发的热情参与进来做一些事情。我们现在同一条倒闭的船上。我有一个计划我认为它会起作用，因为它是以黄金法则为依据的。”

“计划是这样的。周一早上你们过来以一个新的基础开始——带着与10年前我们兴旺时一样的热情。在我们能够支付薪资的时候我会尽快支付给你们薪水，包括接下来这周我没有付给你们的。如果我们那样执行计划了，在年底的时候，我会分给你们利益，我会按公司持股人的股份给你们分红。我会给你们留出思考时间，以便你们会充分考虑并做出真诚的决定。当你们想见我的时候，给我发信息。”

他和我一起去吃午饭，大约在半小时后，短信来了，他吃了几口饭就走了。雇员们回来告诉了纳什先生他们的想法。雇员们都坐在了一起，决定他们不但接受纳什的提议，而且他们还有自己的想法。第二天雇员们来了——带着他们的积蓄。有些人的钱是存在旧袜子里，有的人的零钱是存在铁罐头盒里的，有的是在储蓄账户里。他们把16000美元放在了纳什先生的办公桌上并说道：“就这些了，纳什先生。如果那是你对待我们的方式，这是我们对待你的方式。我们在这里赚来的钱就这么多，把它还回来，但是如果它能起到好的作用的话，就用了吧。当你能够把它还回来的时候就还回来。如果不能，也没关系。”

这里的每一位雇员都找到了真正合作的精神。这家公司开始繁盛起来。在纳什先生去世大约10年后，这家公司成为全美最繁荣的服装订做公司。据我所知，它现在依然是全美最著名的，尽管纳什先生已经去世是事实。想象一样的公司，在同样的地点，生产同样种类的服装，有同样的人工作——一天失败了，在第二天的时候便开始以宏伟的规模朝着成功继续努力。一定是思想态度发生了改变。是什么引起他们的思想态度发生改变的呢？不是他们害怕失去工作，而是动机。纳什先生用他的真诚感染员工，雇员们为此动容，他们知道那是真诚的，他们决定要像纳什先生一样，像一个好的运动员一样有着强烈的竞技精神。他们不会让自己落在纳什先生身后。

动机的力量

当你以动机为基础，把任何组织的人聚到一起，我不在意他们的问题是什么，因为他们会成功地解决这些问题。经常是那样。扶轮社和它全世界的成员给了我们一个关于智囊法则和和谐原则的完美解释。我属于芝加哥组织的第一个扶轮社，是国际扶轮社创始人保罗·哈里斯的原始成员之一。他最初的目的包括以一种不违背他的道德伦理的方式建立他的合法业务，但是我们最终超出了那个目的。扶轮社现在的目的是以发展成员间的伙伴关系为基础，增进职业交流，提供社会服务。扶轮社遍布全球，对所到之地影响都很大。

在这个世界上不要没有动机地去做一件事情。必须有一个动机来激励你做那件事情，否则就会是一个疯子。

动机 1：机遇

获取工资上涨和职位晋升的机会是友情合作的最突出的动机。无论什么时候，在任何企业中，那个动机总是有很好的利益回报。

动机 2： 认同

对个人能动性、迷人性格和出色工作的认可是激发合作的强烈动机。当一个人工作做得好时给他一个认可，做一些这样的事情。

我认识一位雇主，他知道所有雇员的生日，包括雇员们妻儿的生日也都知道。他会在每个人生日当天，送上一份礼物和有他签名的生日卡片。以这种方式，把他的组织建设成了一个大家庭。因为他已经使自己深入这些人的内心，你可以想象那对每个人来说意味着什么。

动机 3：个人兴趣与帮助

获得友好合作的强烈动机是对与你合作的人，或者和你一起工作的人的问题感兴趣，帮助他们解决问题。很多人说："我的问题是我的，但是其他人的问题是他们的。我对他们的问题没兴趣。"如果你那样想的话，那是你的权利。但是我想告诉你那种态度不会使你获益，也是不利的。如果你想要有很多朋友和很多合作，你要把它当成是你的事业来环视从哪里可以帮助他人。

动机 4：良性竞争

你能够在各部门之间，在同一个部门的个体之间，创建一种良好的竞争体系，并且竞争体系是以友好合作为基础的。例如，在一个销售组织里，如果你能让一个小组和同一组织里的其他小组竞争的话（在友善的基础上），他们都会为了获取胜利而全力以赴。他们那样做是因为竞技精神。好的销售经理常会建立那种动机来激励他们的销售员更好地工作。

动机 5： 未来的利益

对未来利益（一些形式的尚未实现的目标）的希望，常会通过共同的合作获得。也许你想要和某些人一起实现，只有所有人同时以一种和谐的精神朝着特定的方向一起用力才会实现。

我们会提到其他的动机。也许在一种特别的情况下，你需要和某人合作，并且知道你要把什么样的动机植入到那个人的思想里从而获得他的合作。你知道你想要的合作不能通过强制力获得，因为如果你用那种方法获得了，迟早那种合作会化作怨恨而告终。

四种通过动机建立合作的方法

安德鲁·卡内基先生鼓励合作的方法遵循四个原则。首先，他以晋升和红利的方法建立了财政动机。那是他获取他人合作最有效和影响力的动机之一。所有为卡内基先生工作的人都知道，他们有成为一个优秀的财富执行官的潜在可能。他们已经看到一个接一个的人做那样的事情：从底层开始，拼搏到了高层。

他获取合作的第二个方法是询问系统。他从来都没有训斥过任何一个员工，而是通过周密地问引导性的问题，使应得到惩罚的员工自我惩戒。如果他想要训导或者处分某人，他会把那人叫进来，开始问他一些只能用一种方式——卡内基先生想要他们回答的方式，回答问题。那样做很机智。如果他想把一个错误亮出来，他会让犯错的人自己把它摆出来，通过问他们一些迫使他们把错误亮出来的问题。他同样会用那种方式让人来承认一个不愿意承认的谎言，尤其当那人知道卡内基先生知道那个谎言是什么的时候。那只是反映卡内基先生是多么智慧的人的事情之一。他知道如何用不攻击或者冒犯他人的方法取得最好的结果。

卡内基先生用的第三个动机是，他常会有一个或者更多的人为了他的工作而接受培训。想一下，一个老板有着许多为了他的工作而接受培训的员工。你会认为他们会不忠诚吗？你会认为他们没有认真工作，拒绝努力和多付出一些吗？如果他们那样的话，他们会是非常愚蠢的。卡内基先生懂得如何抛出橄榄枝，而且就在人差一点就能够到的地方；他促使人变得强大，为了够到它而建立更长的手臂。那样做比给一个人内心制造恐惧，担心失去工作或者那类的事要好得多。

做决定的力量

我在《周六晚间邮报》的雇主柯蒂斯先生的办公室里，他的养子爱德华·路克走了进来，他为打断我们的对话道歉之后，说："我必须得和柯蒂斯谈一会儿，因为我需要一个立刻的答复。"在向养父解释的时候，他的手里拿着一份电报，是关于他们下一年需要的纸供应出了问题。你能想象的，每年印制《女士家庭杂志》《周六晚间邮报》《国家绅士杂志》要花费巨大数目的资金购买纸。他告诉养父问题是什么和他想出的三个应对方案。然后他说："我想让您告诉我，应该选哪种方案？"你有兴趣知道柯蒂斯先生对他说了什么吗？在他简要分析了三种方案，考虑了每个方法的利弊之后，柯蒂斯先生说道："这是你的责任，那就是我的回答。那是你的责任，来确定选取哪个计划。"在路克先生感谢他离开之后，斯蒂克先生说："如果他做错了决定，那将会花费我们将近 100 万美元。"我说："为什么你不给他一个正确的决定呢？"他说："如果我替他决定，我就毁掉了一名优秀的执行官，那就是原因。"路克先生确实成了一名出色的执行官，他把《女士家庭杂志》做成了那个时代最杰出的杂志。他没有通过他的养父为他做决定而成功，他自己完成的。

卡内基先生教人们去做决定并且为自己的决定负责任，那是很重要的。只要利益的基本动机是完好的并不被外部的影响所干扰，我们美国自由企业体系就会获得友好的合作。如果利益动机被拿走了，就会导致我们整个自由企业体系的房顶被掀起来。某些团体正在施压，试图做那件事——拿走利益动机。你做的每一件事情都要有一个动机，我们相信，美国有一个以全球各种动机最好的结合为基础的自由企业制度。

我不知道现在你怎样理解这门哲学，但是我想告诉你一些事情。如果你从这门哲学中获取50％的好处——不是100％，只是50％——你能够彻底改变你的生活，你即将到来的一年也会是你生命中最辉煌的一年。从今以后的生活，你能享有可控的命运，和一种你为自己开创的生活——在那里你会找到幸福、快乐、满足、安全感。友谊和友善就会围绕你——因为你将会创造带有那样结局的环境。

法则 14

创新制胜

文明带来的好处归功于培养和使用创造力——或者想象力——的人。我们周围有很多这条法则的例子，电影《2001：太空漫游》有最清楚的解释。在影片刚开始的一个特别的场景里，像黑猩猩一样的生物把一块骨头抛向了空中，随着骨头朝着太空的方向旋转，这部电影带着我们穿越到了千百万年后，闪烁光芒的骨头变成了地球上空金光闪耀的宇宙飞船。

创造性的想象带来了移动的画面，带给你呈现那个场景的屏幕、录像带，还有你可以在家里看的电视机。创造性的幻想也带来制作移动画面的事物：演员的服装、宇宙飞船模型、布景、麦克风、摄像机等。也正是通过创造力，作家克拉克（美国科幻作家）创作了他的经典小说，正是由于创造力，斯坦利·库布里克（美国著名电影导演）把那本书变成了划时代的电影。

那个单一的场景体现了创造力的力量。这些演讲展现了拿破仑·希尔的伟大的哲学，希尔博士运用他的创造想象力把哲学带给我们。

有人说，想象力是一间工厂，在那里大脑的目的和灵魂的理想被建造。我不能想出一个比这更好的释义了。

两种类型的想象力

想象力分为两种类型。第一种是综合性的合成想象力，由公认的旧有的思想、观念、计划或者事实，以一种新的方式组合在一起，很少有新的事物。当你说某个人创造了一种新的想法或者任何新的事物，实际上可能是什么新元素都没有，不过仅仅是旧的东西的重新组装而已。

第二种想象力是创造性的想象力。它的根基存在大脑的潜意识里，通过超感官知觉（第六感）运作，是全新的事实或者想法被揭示的媒介。

任何新的想法、计划或者目的都会进入潜意识，被情感反复强调和支持，大脑的潜意识会自动地收集这些想法、计划或者目的，然后通过适宜的自然方式运行出逻辑结论。

我会重复那个说法，以便你能理解里面非常重要的一点——进入潜意识里的任何想法、计划或者目的，通过情感被反复强调和支持。换句话解释，你大脑里的想法，如果没有你的热情和信念支持的话，将会很少引发任何行动。为了获取行动，你要让那些情感进入你的思想，你要获得热情，或者你要有信念。

合成式的想象力

有一些运用合成想象力的例子。首先，我们来考虑一下爱迪生发明白炽灯。关于爱迪生的灯泡，你可能有兴趣了解，那里面没有什么新的东西。结合起来构成白炽灯的两个因素是旧有的，并且早在爱迪生时代之前全世界都知道。但仍然是爱迪生做了一万次不同的失败的实验，最终把这两种旧的想法以一种全新的结合方式成功地结合在了一起。

你们中的很多人都明白，电灯发光的道理就是，电路里的电能，在电线的一头摩擦到一定程度，电线就会变热，然后燃烧。很多人在爱迪生之前就发现了这个道理。爱迪生多做的是发现了一些控制电路的方法，因此当电线被加热到白热化的程度时，就会发光但不会燃烧起来。

他尝试了所有这些实验——精确地说有一万次——但没有一次成功。然后有一天，他躺下来打了个盹，他把问题传向了他的潜意识，当他醒来的时候，潜意识给出了答案。我总是好奇为什么他不在经历一万次失败之前，让他的潜意识行动并给他一个答案。也许就如同我最后才写出《思考致富》标题的原因一样。他已经想出了一半的答案，但是在他打盹醒来之后，他知道问题的另一半答案存在于木炭原理中。

为了制作木炭，你把一堆木材放在地上，然后点燃，再用灰盖在它的上面，允许足够的氧气渗入进去，保证木材无火苗地阴燃，但是氧气不要多到使它熊熊燃烧。燃烧掉一定部分的木材，留下的那部分就叫作木炭。你知道，当然了，没有氧气物体就不会燃烧。爱迪生带着早前就熟悉的想法，走回实验室，拿着已经用电加热的电线，把它放在一个瓶子里，把里面的氧气抽出来，再把瓶子密封起来，隔绝所有的氧气，因此没有氧气能够进来与电弧接触。然后，当他扭开开关，电弧发热了 8 个半小时。至今，那就是白炽灯工作的原理。你有注意到过如果一个灯泡被弄掉了，它会砰的一声像枪响一样？你知道为什么吗？它之所以那样，是因为所有的空气都被抽出来了。灯泡里面没有氧气，因为如果有氧气的话，灯丝会很快燃烧。那是两个旧有的简单的想法通过合成的想象力结合在一起的一个例子。

检查你的想象力的运行方式，你会发现大部分运用的都是合成的想象力，不是创造的想象力。重组旧的想法和老的观念会是非常有利的。

你可能已经发现了，你学习的这门哲学里，仅仅有一个法则是新的（宇宙习惯力法则）。换言之，这里的一切都和人类一样古老，我仅仅只是做了一个你之前可能不是很熟悉的事。那么我做了什么呢？我运用合成的想象力重新组合现有的想法。换句话说，我把促成成功的主要事物，用一种世界史上从来没有的方式把它们组织起来。我用了一种简单的形式，你或者任何人也能够掌握，并把它们运用到实践中去。

我常常好奇为什么有些人会比我早前认为的聪明。当别人获得了一个好想法的时候，我们总是爱说："为什么我没有想到那个？"当你获得的时候，你又说："为什么我没有在很早的时候就得到，在我需要那份钱的时候？"

亨利·福特把马拉四轮车和蒸汽驱动的脱谷机结合起来，无非是运用合成的想象力。他第一次看到脱谷机的全套装备由一台蒸汽发动机拉动前行的时候，他受启发创造了汽车。公路上一台脱谷机的全套设备附加在一辆蒸汽发动机的机车上。当福特观察到它时，他想到了把那个原理运用到一架四轮车上（而不是马拉车）。他的"无马拉的四轮车"最终成了众人知晓的汽车。

创造性想象力

现在我们来看一个创造性想象力的例子。基本所有新的想法都源于单一或者联合运用创造性的想象力。那是什么意思呢？它大体的意思是，当两个或两个以上的人，以一种和谐的精神（并带着团队里所有的人开始拥有的热情），一起朝着同一个方向思考，他们将会想出来一个和所谈论的事情相关的想法。换言之，如果他们讨论的目的是给一个重要的问题找解决办法，有的人将会找到答案，依靠潜意识与无穷智慧协作，率先把答案找出来。答案并不总是由最机敏、最突出，或者受过最好教育的人想出来。事实上，答案经常来自于教育程度最低的人和团队里最不出众的人。

我们来看一些创造性想象力的例子，例如居里夫人的科学发现。居里夫人所知道的全部是，在理论上讲，宇宙的某处必然存在镭元素。她希望镭元素会存在我们称作地球的小泥球上。看，她有一个明确的目标。她从数学的角度计算并得出某处存在镭元素的结论。没有人曾经看到过、发现过，或者制造过。

想象居里夫人努力发现镭元素的过程，就像众所周知的一个人在草堆里寻找一根针的故事一样。到现在，我认为你可能有一个关于她如何寻找镭元素的想法。你不认为她会拿着铁锹在地上挖，对吧？是的，她并没有那么做。她没有那么傻。

她把自己的思想与无穷智慧调和，无穷智慧指引她找到资源。以下是你吸引财富或者吸引任何你想要的事物的精确过程。首先，调节你的大脑，把你想要的事物在大脑里以图片形式呈现出来，然后用信念坚持，坚信你能够获取你想要的事物，坚持想要它，甚至在进展遭遇困难的时候。

例如雷达和收音机，以及莱特兄弟（美国的飞机发明家）的飞行器都是创造性想象力的产物。没有人曾制造并成功使比空气重的机器升起来，直到莱特兄弟生产了他们的飞机。莱特兄弟在宣布他们打算使机器飞起来的时候，并没有得到公众的支持。那时他们还没有使机器成功地飞起来，但是他们要在北卡罗来纳州的基蒂霍克再做一次试飞展示。他们向新闻界宣布了想法，而新闻工作者非常怀疑，以至于他们都不愿去。在19世纪，没有一位新闻人去到那里抢先报道。他们是知道所有答案的聪明人。当一个人提出一个新想法时，他是否总会经历类似那样的事情？总有一些人不相信新想法能够被实现，因为之前没有人做到过。

运用创造性的想象力是没有限制的。能够调节自己的思想到无穷智慧中的人，能够为任何有一个答案的事想出答案。任何事，无论那是什么。

再看一下马可尼的无线电报和爱迪生的说话机器。在托马斯•爱迪生时代之前，没有人记录和复制过任何种类的声音。没有人曾那么做过，或任何相似的东西。据我所知，甚至没有关于这方面的任何讨论，或者故事。然而，爱迪生构思出了那个想法，并且几乎是瞬时的。他从口袋里拿出来一支笔和一张纸或者叫一个信封，粗略地画出了一个梗概，它后来成为了爱迪生的令人难以置信的说话机器，就像他们称作的那样。它上面有一个圆筒，当他们实验的时候，就起效了。

那与他的早期经验是一个明显的对比。你看，补偿法则给了他在研究电灯上万次失败的报偿。你是不是看到了一个慷慨、公平的补偿法则？你看起来在一个地方被欺骗了，你会发现你在其他的地方会被补偿回来，与你的努力成正比，无论它们是什么。惩罚也是同样的道理。也许你在一个路口闯了红灯逃过了交警，也许你又再一次地逃离掉。但是，下一次，他会抓住你扣两三分，你会发现他最终会追上你。好吧，自然界的某处存在一个了不起的警察和一个巨大的记录仪器，它记录了我们所有好的品质和坏的品质，我们的所有错误和所有成功。迟早，他们会追上我们。

让我们看一下创造性想象力在影响美国人的生活方式方面。我们仍然享有人类伟大的自由权利和获取财富的机会。然而，我们若想要继续享有这些福祉，我们需要运用想象力。你可以回顾历史，是什么特质使我们的国家变得伟大。那些特质在这里，首先，对于美国生活方式负责任的领导者们明确地运用了 17 条法则的科学建议，着重强调以下六条。那时，他们没有这样称呼这些法则，尽管他们大概意识到了他们正在运用这些法则。关于与我工作过的所有成功人士的奇怪事情之一是，他们中没有一个人能够坐下来告诉我他们是如何一步一步地取得成功的。但是可以提醒你的是，他们依靠了这里列举的法则。

我想让你们回去评议通过这 6 条法则签署《独立宣言》的 56 人。看你是否能够看出他们在行动中对这 6 条法则的运用：（1）明确的目标；（2）付出更多；（3）智囊联盟；（4）创造性的想象力；（5）运用信念；（6）积极主动。他们为美国人民创造了新的生活方式，他们不期望不劳而获，他们不用时钟来管控他们的工作时间。即便境遇困难时，他们也承担领导者的全部责任。

回想过去 50 年的创造性想象力，例如，我们发现托马斯·爱迪生，通过他的创造性想象力和个人能动性，引领了电学时代。他给我们带来了前所未闻的世界电力的源泉。想一想一个人如何开创一个新的时代——伟大的电力时代——没有它的话，我们所有的工业进步——所有雷达、电视、广播——都不可能。一个人影响全世界文明的发展趋势是一件多么伟大的事情啊。福特先生带来了汽车是多么的了不起。他建造神奇的马路，提升了土地的价值，直接或间接地使数百万无业人员得以就业。如今，数以百万计的人从事汽车相关贸易。威尔伯和奥维尔·莱特改变了地球的尺寸，如是说，缩短了全世界的距离——就是这两个人，为人类的福祉工作着。安德鲁·卡内基，通过他创造性的想象力和个人能动性，开创了钢铁时代，改变了我们整个的工业系统，创造了无数的工业产业。他不满足于个人财富的巨大积累，使与他合作的工人们获得了没有他的帮助就不会获得的财富。在他生命结束之际，他勉励人去组织世界个人成就的第一哲学，使得卑微的人学会了如何获取成功。

当你开始分析的时候，你会明白一个人与另一个人形成智囊联盟会发生什么。他们开始做一些有用的事情。两个人以和谐的精神在智囊联盟的法则下一起工作，无所不能。没有那个联盟，即便我可以活 100 次，我也不可能创造这门哲学。然而，我通过与像卡内基先生那样伟大的人接触而获得的鼓舞、信念、自信和远见，使我的思想水平提升到了他的层次上，没有联盟法则和创造性想象力是不能实现的。曾经有很多人说过听起来有逻辑和道理的话，要是当时我认同了的话，我就会停止研究这门哲学而给自己找份工作，就像我早前的一个亲属说的她认为我应该那么做。我应该有一份工作，在某地当一名售书员，一周赚 75 美元。我曾非常确信每晚都能在家里是非常美好的事情，每件事都会是可爱的。相信我，我有相当长的时间都不得不反驳那种说法，但是并没有成功。

我看见了生活中更重要的事情。我开始不仅仅运用合成想象力，而且也运用创造性想象力。它使我拉起泄气和绝望的帘布，看向未来，看见我现在知道的正在全世界发生的用这种方式做的结果。所有那些都是通过创造性的想象力！能够利用创造性想象力并通过它来转化宇宙的力量，是多么神奇的事啊！我没有在做诗情画意的演说（富有想象力的演说），我在引用科学，因为我说的每一件事都是注重实效的，并正在发生着，你也可以做到。

这里有一幅鸟瞰图，展现了有着创造性想象力和个人能动性的人所带给我们的。首先，汽车，现实地改变了我们的整个生活方式。你们当中 25 岁、30 岁或者 40 多岁的人，不知道如今的我们国家与马拉车年代对比，发生了什么变化。在那些日子里，你会沿着马路走，或者在马路上安全地骑车。而今天的问题是，甚至在警察看管的路口你都不能过马路，除非你非常警觉。整个交通方式，整个商务方式的改变，都是由于那个叫作汽车的东西。现在飞机的飞行速度比声速还要快，把世界缩小到所有国家的人们都可以更有效地相互了解。

也许上帝故意这样安排。使人类通过想象力，创造出交通工具，把世界缩小到全世界的人们可以相互接触，变得相互熟悉，最终成为邻居或者兄弟。你不能对与你每天做商务的人发起战争，你不能和跟你朝夕相处的邻居打架。努力与你接触到的人友好相处，你会惊奇地发现他人身上有多少好的品质，是你之前不喜欢的。

你想过广播和电视机，给我们带来世界正在发生的事吗？它们给山村的小木屋提供和城市大厦一样好的娱乐，而不用我们付出任何代价。这与林肯在一个小木屋里学习驾驶木制铲车的日子相比是很大的进步；这与田纳西州和弗吉尼亚州的小穷山村（我出生的地方，在那个时候，因山区争执、谷物酿酒和响尾蛇而著名）的生活，有着天壤之别。

你打开一个小旋钮便可接触到最好的歌剧、音乐和所有种类的娱乐。你可以几乎同时知晓世界正在发生的事件。你知道，如果我幼年成长时有这样的便利条件的话，我怀疑我是否还会制订我的第一个明确的目标成为第二个杰西·詹姆斯了（美国侠盗）。我也许会想要变成一名无线电话务员或那类的。所有这些发明已经改变了山区人们的生活方式，乃至整个国家，整个世界。思考一下人类思想带来的所有这些伟大的发明，把世界变成一个地球村，使得人们相识相知。

法则 15

身体健康

拿破仑·希尔的哲学在很多方面都超前于他的时代。在健康方面尤为如此。早在流行开始这么做之前，希尔博士说过我们身体和思想是密不可分的。他指出二者其中任何一个受影响，另一个也必定受影响。起初，很多人对这种观念持怀疑的态度。现在，我们确信地知道我们是身体—思想生物。为了能够发挥得最好，我们必须遵循你有权富有的第 15 条法则的指导，保持健康的身体。

强调一下，展示的这篇演讲就像希尔博士所呈现的一样，你应有这种谨慎：在开始一种锻炼、一种饮食方式，或者药物治疗之前，去见你的医生，检查身体。这篇演讲的核心不是倡导任何药物治疗的具体形式，而是帮助你通过基本的已被证明了的态度和行为保持健康。

在所有事物上的自我节制是值得推荐的：不要酗酒或者过度饮食，保持平衡饮食，工作生活劳逸结合。这里涉及很多方面，但是，所有都涉及运用另一条法则：自我约束。希尔博士预先提出，身体能够在很大程度上，通过简单的自我控制——以一种积极的思考方式和生活方式，保持健康。直到最近我们才意识到他是多么的正确。我们发现疾病引起的几种途径：我们自己破坏性的行为习惯，我们从工业和环境中吞下的毒素。当然了，超出我们控制的影响能够使我们致病，但是我们可以做很多事防止疾病的侵袭。

有一个系统，凭此你能够把旧的身体状态调整到好的状况里，用你想用的方式做你想要做的任何事情，这是绝妙的。如果我没有一个系统来保持自己的身体健康并充满能量的话，我就不会完成这些年来的大量工作，我也不会做我现在做的大量工作。

事实上，我有着健康的身体，能够做年纪比我小一半的没有健康系统的人做的事情。我要保持身体在那样状况的原因是，我喜欢过得更好，如果我要求身体做出热情的反应，身体就要有那样的基础。我不想早晨起床的时候，身体不舒服。我不想在镜子里看到自己的舌头有覆盖的涂层，自己的呼吸不好闻。那样很糟不是吗？有很多方法可以避免那样，我希望你能从这堂课中获取建议来保持你的身体在良好的状况下。

一种健康的思想态度：健康意识

让我们把思想态度——或者健康意识——排在第一位，因为没有在健康方面的思考和行动的话，你很可能会不健康。我从来不去想小病，实际上，我承担不起病恙。它们占据了我太多的时间，它们损害了我的思想。你可能会问：“你怎么应对得病的？”我会生病，你现在也可能会生病，但是当我们学完这堂课，你将不会像之前那样频繁地生病了，因为你将会学到一种控制疾病的方法。注意，每一件与调控你的思想态度相联系的事情，都是你想控制就能控制的事情。

思想健康 1：控制源于家庭和职业的压力

牢骚和抱怨你的家庭关系或者职场关系伤害你的消化能力。你可能会坚持认为家庭里的一定环境使得抱怨成为必然。如果是那样的话，比较好的方式是改变现状，这样你就不会有任何环境可以抱怨了。

我提到家庭关系和职业关系是因为那是你花费生命时间最多的地方。如果你允许那些关系中存在分歧、误解和争执的话，你就不会有好的身体，你也不会快乐，你也不会有平静的心神。如果生活中存在任何的憎恨，你必须要摆脱它。无论一个人多么可恨，你都不能够去那样恨他。原因是你承担不起，因为那样对你的健康无益。它伤害你的消化系统，会造成胃病。更糟糕的是，它会产生负面的思想态度，把人们驱走而不是吸引过来。你当然承担不起那么做了。它吸引报复那类的东西，因为如果你恨他人，他人就会恨你。他们也许不这样说，但会是这样的。

思想健康 2：消除流言蜚语

消除生活中的流言蜚语或者诽谤。那样做很难，因为世界上有如此多的事情可以被当作美妙的谈资。把你自己从那种快乐中隔断是可惜的，是吗？流言和诽谤吸引报复，也会伤害你的消化功能。相反，让我们把那种渴望转变成对你更有利的事情。

思想健康 3：控制恐惧

一定不能有恐惧，因为它表明了人际关系中的冲突，也伤害了消化系统。你性格里的任何恐惧最明确地表明了你生活中存在必须要做改变的事情。我能非常真实地说，在地球表面上，或者整个宇宙中，没有任何我害怕的事情，根本没有。我过去常常恐惧普通人都会恐惧的每一件事情，但是，我有一套克服那些恐惧的系统。如果我现在恐惧的话，你知道我会做什么吗？我会把它从我自己身体中取出来，我会消除恐惧的原因。无论它将会花费什么，或者无论需要多长时间，我都会消除恐惧的原因。我完全不会在我的气质里容忍恐惧存在。

如果你对任何东西都恐惧的话——即便是最恐惧死亡，你就不能有一个健康的身体、荣华的事业、快乐的生活，或者平静的心神。就我个人而言，我对死亡有着很大的期待，它会是我一生经历中最不寻常的片段。实际上，它会是我最后的经历。当然了，我把它延迟了很长时间。我要获得一份工作来做，等等，但是，若死亡时间到来了，我也不会害怕，相信我，我会准备好的。那将会是我做的最后一件事情，也是所有事情中最美妙的，因为我不害怕。

健康思想缔造健康身体

你运用思想的方式与你的健康有着比其他事情更多的联系。你能够随意地谈论关于进入血液中的细菌，但是，大自然已经在你的身体里创建了一套神奇的诊疗系统，如果那套系统正常工作，你身体里的抵抗力就会看管所有那些细菌，自然有一种保持你身体健康的抵抗力，保持细菌在不能繁殖的状态下。但是在你变得担忧、苦恼，或者恐惧的那一刻，那些细菌就会成倍地数以十亿、百亿，无数倍地增长。接下来的事情，你知道，就是你真的病了。

身体健康行为 1：心平气和地吃饭

在吃午饭的时候，不要有担忧、争吵或者不愉快。你知道普通家庭挑选午饭时间当作训导丈夫、妻子和孩子的时间，或者是其他事情的时间吗？那是大家能够聚在一起的时刻，这个时候训导他们，他们不容易跑掉。当你说话的时候，他们将会是站着，或者坐着吃。但是如果你能够看到某人在吃饭时受惩罚，他的消化系统或者血流里发生了什么，你就会知道吃饭时训导他们是错误的。你吃饭时，思想会进入吃的食物里，变成进入血液中的能量的一部分。

身体健康行为 2：适量饮食

过度饮食给心、肺、肝、肾，以及“污水管道系统”都增加负担，很多人吃的比他们真正需要的两倍还要多。想一下他们可以在零食账单上省下来多少钱。过度饮食的人数多得惊人。如果你在外面做体力劳动，你可能需要高能、大量的食物。一位挖渠道的工人不得不需要一定量的肉和马铃薯，或者等能量的其他食物，但是，一个办公室文员或者一个全天都在店铺里或者室内工作的人，不需要那么多的食物。

身体健康行为 3：平衡的饮食习惯

平衡的饮食包括水果、蔬菜和充足的水（或者以果汁形式出现的等量水分）。在加利福尼亚，我遵循一套饮食方法系统，确保一天至少有一顿饭只是“鲜活的”食物——蔬菜、草莓、坚果、西瓜，等等。它包括了相当新鲜的食物，没有任何形式的加工。当我在家里遵循我建立起来的饮食习惯的时候，我注意到了我的能量有所不同。可在芝加哥这里，我不能那么做，如果我走进一家商店订那类东西当作一顿饭，会被人当成傻子。实际上，我也怀疑自己能否在芝加哥获得那样的食物。

身体健康行为 4：慢速进餐

吃得太快会影响咀嚼功能。我能远离那种习惯，因为我有一个好的、强壮的、有活力的身体，但是我不建议你吃得快。我确信你知道有很多人那么做，但是吃得太快表明你思想上有很多东西压着，你不是放松的，你自己并不愉快。

吃饭应该是一种受尊崇的形式。你的思想应该放在所有你想要做的美好的事情上，你的主要目标是放在使你最愉悦的事情上。如果你吃饭的时候正在和其他人谈话，那应该是一个愉快的聊天，而不是挑错误的谈话。如果一个男人吃饭时是坐在一个漂亮女人的对面，我不明白，他为什么不去谈论女人漂亮的眼睛、美丽的发型、口红，或者是女人喜欢听他说到的任何事情。即便你坐在你妻子的对面，那样做会带给你们很多好处。

身体健康行为 5：两餐之间杜绝零食

在两餐之间不要吃糖果、花生或者零食，不要喝太多的软饮料。如果你想要喝饮料的话，你可以喝硬饮料，因为那样做会给你带来好处。我的意思是，比如水。（我把你点醒了，不是吗？）

我见到过办公室女孩整个午餐都是从报摊买回来的糖果、零食，和一两瓶可口可乐。一个年轻人的胃可以承受一阵子，但是，如果你没有正确地对待你的身体，你的胃迟早会让你为此付出痛苦的代价。如果一个办公室工作者能够有生菜配上沙拉吃的话，比那要好得多。吃一些水果也是很好的，因为你从水果摊获取的任何食物都要比吃糖果好得多。

身体健康行为 6：控制饮酒（和吸烟）

任何时候过量饮酒都是禁忌——除了在下午 6 点钟后。我承认那样说是开玩笑。过量饮酒在任何时候都是禁忌，但是适量饮酒是合理的。我能喝 1 到 2 瓶鸡尾酒，但是超过这个量，我可能就会说也许我不想说的话，或做我不应该做的事。两种情况都不会给我带来好处。

我喜欢思想始终是受控制的状态。酒精控制你的胃和大脑，以至于你不是你自己了，那有什么意义？人们发现太多关于你的不想让他们知道的事情。另外，你看起来病殃殃的，不是吗？你不认为舌头被酒精麻醉的人使自己变成了一个笑柄吗？

如果我走进一个家庭（就像我经常做的那样），他们若是正在谈论鸡尾酒，我不会说："不，我不沾那个东西。"我会接过酒杯，如果我没有情绪喝酒，我等直到没有人看我，我会把它放到某处，有时我会拿着它走一圈。我曾经一个晚上都端着酒杯，直到找到一个地方坐下来。一旦我找到机会，我就会把它倒在水池里。他们会认为我喝了它，但是我没有喝，因为那个晚上我要做演讲。在做演讲之前喝酒的话，会晕头转向的。不论酒还是烟，或者其他东西，都要节制。如果你能控制它，而不是它控制你，那么酒不会有多糟，但是更好的是你能完全掌控并利用它。

身体健康行为 7：放松玩乐

用对等的玩乐平衡工作，因为你要确保身体健康。那并不是说，你要有等量时间的玩乐，因为那样做并不起效。相信我，我工作一小时，然而仅需要5分钟的轻松时间来抵消我的工作时间即可。当我写作的时候，我整个人是在另一种状态，身体是如此的紧绷，以至于45分钟是我能承受的最大限度。但是我坐在钢琴前弹上5到10分钟，我就完全平衡了所有的那种紧张的工作。

身体健康行为8：充足的睡眠

如果你能找出时间的话，从24小时中拿出8小时睡眠。获取好的睡眠是你能养成的非常好的习惯。我是说，上床躺下来，不要翻身、蜷身或者打鼾那类的。躺下来平静地入睡。与你的意识和你的邻居养成和谐的关系，这样你不会有任何担忧的事情。你能够头沾到枕头就睡着。

消除恐惧

训练自己不要担忧你无能为力的事。为你不能补救的事情担忧是非常愚蠢的。我不会让担忧的时间长过我能补救它们的时间。早前有一位学生问我，我是否花费时间在那些带着问题来见我的人身上。我说："其他人的问题吗？我都不会为自己的问题担忧，为什么会为他人的问题忧虑呢？"不是因为我冷漠——我根本不是冷漠。事实上，我对朋友和学生的问题非常敏感，但是，不足以让那些问题变成自己的问题。你们的问题仍然是你们的问题。我所能做的就是帮助你解决问题，但是我不会把它们转化成自己的问题。那不是我的做事方式，我也不会让你们养成那样的习惯。有很多人不仅为他们自己的问题担忧，而且还承担所有亲属、邻居的问题，有些时候，甚至是整个国家的问题。别人忧虑，但是我不会。

你不要去寻找麻烦，麻烦会以它自己的方式找到你的。生活的境遇会用一种奇怪的方式把你所搜寻的揭示给你。如果你寻找其他人的错误，或者寻找麻烦，或者寻找担忧的事情，你总是会找到它们。如果你寻找担忧的事情，你不用走出去多远。实际上，你都不用走出你的房子。

消除无望

心中没有希望的人是容易迷失的。然而，健康激发希望，希望又增强健康。现在，我说的希望是什么意思呢？我的意思是要对生活中将会被实现的目标、某些你努力去做的事情和你知道你要去做的事情，怀有期望。

不要因为你没有足够快地实现而担心。很多人想要赚很多钱，想变富有，但非常没有耐心，以至于变得很紧张。他们因为没有能快速地赚到钱而使自己掉进了激怒状态里。有时候，这种快速赚钱的渴望影响很多人走上歧途，那样不好。

通过日常的祈祷培养希望，不为更多的福祉，而为你已经拥有的（例如作为一名美国公民所拥有的自由）。每天都以一种或者其他形式祈祷是多么不可思议的事情啊。你用自己的话表达——或者用你自己的思想——感激自己作为一名美国公民能拥有的自由。感激做自己的自由，感激按自己的生活方式而活的自由，感激有自己目标的自由，感激交友的自由，感激选举的自由，感激高兴就可以去崇拜，做很多乐于去做的事情的自由。我们也有自由用坏习惯祸害自己，如果我们想的话。当下，我们有权在一份确保不受战争威胁的工作中发挥能动性（至少我们认为此时没有任何战争的危险。

也许之后某一时刻会有，但是，现在没有）。我们有自由根据自己的能力确保经济自由，我们有以自己的方式去崇拜的自由，以及来锻炼身体健康和思想健康的自由。我们有自由使用未来的时间——控制我们的未来——以任何方式，想一想你是你未来的主人是多么令人振奋。

我生活和成就的最富有的部分仍然在我的未来里。我仍然是我职业里的一个年轻的学者。事实上，我只是才上幼儿园。但是，因为我打算在去世之前做一些真正有益的工作，我会比过去更好地运用我现在的时间。时间是可贵的，实际上，我以分钟计算。

病痛是自然的信号

头痛是自然警告你有些事情需要改正。如果你那样想的话，头痛就是一件奇妙的事。没有头痛我就不能进行下去，如果那样的话，我就会很年轻就去世了，因为头痛无非是自然告诉你某处存在问题，你最好能忙起来为之做些改变。你知道身体上的疼痛是自然创造的最神奇的事情吗？身体疼痛是每一种地球上的生物和每一个国家的人民都理解的一门语言。疼痛是唯一通用的语言。当被疼痛袭扰的时候，每一种生物都会开始为此做一些事情。健康的身体不是来自各种的饮料、可乐，而是来自清新的空气、优质的食物、积极的思想，和良好的生活习惯——所有这些都是在你的控制之下的。

肥胖的人也许是和善的，但是通常去世得太早，我不愿看到有人英年早逝。禁食是我身体非常健康的一个秘密。我没有病恙，有着很多能量，因为两年前我进行了一次 10 天的禁食。我有 10 天丝毫不进任何种类的食物。有两天的时间，通过摄入水果、果汁，一些充满生机的元素来调控自己的身体。然后，我只喝普通的水，尽可能多喝。有时会放进点调味品或者柠檬汁等，那足够把水调得有滋有味（相信我，当你空腹的时候，水喝起来相当无味）。在我禁食结束后的第一天，我吃得非常少，只有一小碗汤（里面不含油脂）和一片全麦面包。你不一定因为我这么说你就采取禁食。事实上，你根本不需要禁食，如果你要那么做，你应该在医生或者有经验的人指导下进行。我曾经给我的一位超重75镑的学员推荐禁食。她说："禁食10天？你拿走我食物的第一天我就要饿死了。"我相信她说的话，我想她大概会是那样的。如果一个人在森林中迷路，他们不仅会害怕死去，我怀疑他们在2到3天就会饿死。禁食的艺术有着疗法上的、精神上的、经济上的巨大价值。

享受你的工作

劳作必定是一种恩惠，因为上帝规定每一种生物必须以一种或更多其他的方式或者毁灭的方式参加。天上的鸟儿和林中的走兽，既不纺织，也不播种，也不收割。然而，它们在能够吃上一顿食物之前，也一样不得不付出劳作。

我们应该把工作当成一种崇敬的仪式。在工作中付出有用的服务是美好的。当你参加了一项爱的劳动——为某人做某件事仅仅是因为你对那个人的爱或者他是你的一个朋友，那么做不是为了钱——你那么做时从来不会感到疲累，你从中也会有收获。在你那么做的时候，你获得了补偿。付出更多是这门哲学的美妙的一部分。这样做的过程会使你感觉更好。你对自己的感觉更好，对邻居的感觉更好，也会使你更健康。当工作是为了实现生活的主要目标，它就变成了自愿的服务，一种愉快的追求，而不是要忍受的负担。为了这种恩惠而带着感激工作。为了健康的身体、经济保障，和它可能会提供给一个人独立的好处，用爱来装点你的工作。

建立信念

学会与无穷智慧相沟通，从调整你自己适应周围的自然开始。我知道的最好的有益身心健康的系统是持久的信念资源。如果任何的疾病蔓延，我知道没有方法会好过信念。

创造好习惯

宇宙习惯力量使所有习惯成为永久性的，并自动运作，宇宙习惯力量要求每个生命体参加并变成它存在的环境影响里的一部分。你可以固定自己的思想习惯和身体行为习惯的模式，但是宇宙习惯力量接管它们并执行它们。理解这个法则你就会知道为什么疑病症患者无法享有健康的身体。

法则 16

精打细算——计划用时，合理用钱

在拿破仑·希尔创立了成功哲学的若干年后，哲学家巴克敏斯特·富勒创造了一个著名的措辞，后来成为他的一本书的书名，《太空船地球》（地球就像宇宙飞船，依赖自身的有限资源生存）。富勒把我们的整个地球想象成一条疾驰在宇宙中的太空船。像太空船一样，我们地球的资源是有限的，如果我们需要生存的话，我们得管理和最大化地运用这些资源，更别提繁荣了。在巴克敏斯特·富勒创造宇宙太空船的前几年，拿破仑·希尔创造了你有权富有的第十六条法则：计划用时，合理用钱。希尔和富勒两位伟大的思想家分享了同样的观念：

供应的资源只有这么多——时间、金钱、和我们星球的资源。

你会怎样处理你掌握的资源？你如何很好地运用给你的秒、分、小时、天、年？你浪费了多少你的时间资源？你赚的钱，你有很好地利用吗？有多少钱花在你的衣食住行上？有多少用在了娱乐消遣上？有多少金融资源被浪费了？如果你绝对诚实地回答这些问题，你可能不会喜欢所得的答案，但是，诚实地回答也许是能引导你从今以后最大化地运用你的资源的唯一方法了。很简单，因为你是人类，你的资源必定是有限的。如果只有这么多供应，你如何分配？你如何最好地奉献自己为家庭、职业、国家和世界做贡献？对于这些问题，拿破仑·希尔给出了一些指导和答案。

如果你需要在这个世界上获得财务安全感，至少有两件事情你必须要做。你要会预算你的时间（如何使用你的时间）和预算你的金钱（如何管理你的花销和你的收入），需要有一个明确的计划。

首先，让我们谈论时间。你有 24 小时，划分成三份 8 个小时的时段。你不用过多管控你睡觉的 8 个小时，因为那是生理需要。你也不要总是过于管控你放入工作上的 8 个小时。即便你为自己工作，你仍然不要有太多的管控，因为你需要在那里工作。然而，还有 8 个小时你可以做你希望做的事情，哪怕是浪费掉，如果你愿意的话。你能够玩乐、工作、过得快乐、放松，或者去上指导课、读书，或者任何你想要的事情。

在我做研究的那些日子里，我每天工作 16 个小时，但是，那是我从事的爱的工作。我留出 8 个小时睡觉，其他 16 个小时工作。我为了生计花一部分时间在培训销售员上，但是，大部分时间我做研究，把这门哲学准备好呈现给世界。如果不是我花费至少自己 8 个小时的自由时间，我不可能完成这项必要的研究。用 8 个小时的空闲时间，你能够练习养成所有你选择的那些习惯（通过宇宙习惯力法则）。你不一定要遵循我的计划，但是在这门课中你会获取非常好的想法，运用信念、宇宙习惯力量和智囊联盟。当你制订出一个自己的计划，它会好于我逐字给你的，你只是仅仅接受我告诉你的建议而已。让我们转向预算时间和预算收入与支出的建议。

为生存保障预算金钱

考虑你每月和每周的收入。第一步，使用一个预算本。不论你成家与否，生存保障是绝对必要的——你不能承担得起没有它。如果你生了5个孩子，你对他们有教养的责任。你可以决定是否要为自己投保，假如你去世了，不再有任何收入，他们将会有足够的钱来培养他们自己。如果你娶了一位完全依靠你的妻子，如果你快要去世了，你可以决定是否要留出足够的保险金为她的第二任丈夫预付投保定金。

人寿保险给你如此好的保护，防范你从自己的生产资源中断开。这对一个家庭中的人和一个事业中的人非常重要，同时也是一笔巨大的财产。如果一个关键的人从一家公司中走掉了的话，将会是巨大的损失。应该为像那样的人投高额保险，足以填补他走后留下的财务深坑。

为衣食住而预算金钱

下一件要预算的事情是在吃穿住上有明确的收支比例。现在你可以走进一家杂货店，如果你没有遵循预算系统的话，你会花上5

倍于实际购物需要的钱。相信与否，在家里是由我来购物，而不是妻子安妮·卢。我从我认识的家庭贤妻们那里学到了很多关于购物的知识。我发现购物能手并问她们一些问题，我能告诉你，有很多关于买东西和处理买完的东西后我所不知道的事情。当你走进加利福尼亚的一家大超市，我总是会识别出最可能是贤妻的人，跟随她，然后开始问她一些问题。你会惊讶于她是多么的配合，热心告诉你应该做什么，不应该做什么。我必须说，我对这个没有预算。我常买一些令我感兴趣的东西，但是偶尔也会考虑在不必要的食物和衣物上的预算。我想象，在大多数人的生活中，在这方面进行预算是必要的。

为投资预算金钱

留出明确的一部分钱用来投资，即便每周只有 1 美元，甚至是 50 美分。重要的不是数量，而是有节俭的习惯。节俭、不浪费是非常难得的。我的祖父过去常常捡一些旧的钉子、铁丝和金属片。你会对他在这些东西上的积累量感到吃惊。我的节俭从来没有到达那种程度……但同样的节俭习惯给我带来的不仅是一辆劳斯莱斯和 600 英亩的庄园。不论你对这门哲学理解多少，你没有节俭从手中花出去的钱，你理解多少都没有意义，不是吗？如果你没有预算系统的话，那些钱会全部用完。在你照顾好那三件事之后，无论还有多少钱都应该进入一个储蓄账户里，或者有一个应急的、娱乐的、教育的以及其他储备。你可以叫它现金账户，为你的不时之需。如果你真正地节俭，你应该让它到达一个相当好的数目，不是在一个较低的水平。那是不错的，不论发生什么，你都能取出钱。你可能不需要它，不用把钱取出来。但是，如果你没存款的话，相信我，你会有一百种需要，到时你会害怕的。

建立一个预算系统，策略性地留存经过你手中的钱。重点不是数量而是你节俭的习惯。如果你的工资或者收入很低，以至于你不能再缩减花销，你能够拿出1%出来（也就是说，1美元中的1美分），拿出1美分，并把它放到一个你不容易取到的地方。我非常相信把钱投资在投资信托公司，那里提供多种知名的股票，这样，如果一种变糟了，根本不会影响你的投资。有很多那样的投资信托公司，有的好，有的不好。但是，如果你想要投资在一家投资信托公司，你应该到你的银行经理或者对这一方面业务很熟悉的人那里，寻求指导。不要试图依据自己的判断做出不成熟的投资。通常，大多数人都没有条件那么做，但是，如果你获得了一些为你服务的金钱时，你会惊讶于那是多么愉悦的事情。你知道你每月或者每周都留出一定数量的钱，那个数量开始对你起作用。我用自己的方式告诉你，计划省钱就是把钱放到一个你不能随意拿到的地方。

无论我什么时候去银行取出一些零钱，无论我取了多少，我都会拿出20美元放在钱包的一个特殊的夹子里。如果我赶巧用完了钱，我总是还会有20美元。不久前的一天，我就用到了它。它来得非常及时。否则，我不得不和很熟悉的人兑现支票，我不想那么做。省钱对大多数人来说是非常难的，因为他们没有一个遵循的预算系统。

为职业预算时间

首先，在选择职业的时候，你花了多少时间？你花多少时间思考这是一份自己喜爱的职业或者一项事业或者一个专业的问题？

你能在所有这些问题上给自己打分，从 0 ～ 100。当然了，你没有给出 100％的时间在这方面的问题上。但是，如果你还没有找到能够以爱为动力去奉献的工作，那么你需要花大量的时间寻找，直到你找到为止。

为能做的想法预算时间

你花了多少时间思考能做的事情，花多少时间思考不能做的事情？换句话说，你花多少时间在思考你渴望或者你不期待的事情上？你有没有停下来想过，有多少时间你用在了生活中不渴望的事情上：恐惧、疾病、沮丧、失望，或者灰心泄气？如果你有一个停表的话，你能够记录你每天担心会发生在你身上，却从来没有发生过的事情，我打赌你肯定会惊讶的。

你会惊奇于你的时间一些花在这里，一些花在那里，一些放在了别的地方。接下来的事情你知道，你把大部分的时间花在了思考你不想要的事物上——除非你有一个时间预算系统，凭此，你能够保持你的思想明确固定在你想要的事物上。

为感激预算时间

我花 3 个小时沉思，3 个小时无声的祈祷。几个小时都无所谓。我做完演讲回家后，我通常会用 3 个小时的沉思表达能有为他人做公使的伟大机会。你知道世界上最好的祈祷是无所求的祈祷吗？为你已经拥有的祈祷。我祈祷不为更多的财富，而为更多的智慧——能用来更有效地使用我已经拥有的财富，那是多么不平凡的事情啊！你们所有人都有如此多的财富，你们有健康，你们生活在一个伟大的国度，你们有友好的邻居，你们属于一个非常棒的班级（属于拿破仑·希尔课堂中的学生）。想一下这些令你感激的事情。

想一下我要感激的事情。我能站在这里告诉你我拥有这个世界上我需要的每一件事物，如果我不富有的话，这门哲学和我就出错了，不是吗？如果我不能说关于自己的那些事的话，我丝毫没有权利把它教授给你。我是我命运和灵魂的主人，因为我依自己的哲学而活。我构思它也来帮助其他人，因为无论什么时候，我都不会故意去做阻碍、伤害，或者危害其他人的事情。

为各种关系预算时间

你有多少时间花在了建立和维护商务和个人的关系上？不管是在事业还是在工作中，你有多少时间用在了公共关系或者建设你与他人的友好关系上？你至少要花一些时间去培养人，因为如果你不那样做，你不会拥有你真正想要的朋友。我不在乎这个朋友有多好，如果你不保持联系的话，他便会忘了你，你要保持联系。

某一天，我打算做一系列的明信片，每张只需要 2 美分邮寄。我会在每一张上用漂亮的字，写上一句友谊祝福。同样的方式，我的学生们能够每周一次邮寄给他们的每一个朋友，仅仅是保持联系。那对于一个商务或者职业人士也不是一个坏注意。没有什么能够阻止一个职业人通过那样做维持一种良好的客户关系。那样做不会违背他的职业道德，也没有商业谋取。所有他做的就是每个月发一次（一年 12 张卡片），在后面附上合适的信息，签上自己的名字。相信我，那是他维系各种关系的最好方法。

为健康预算时间

你打算花多少时间建立关于身体和思想的健康意识？不做一些努力，健康意识是不会增强的。

致力于践行宗教信仰

你打算花多少时间践行你的宗教信仰？我不是在说走进教堂，时不时在篮子里放进25美分（任何人都能够那样做）。我谈论的是践行你的信仰——在你的卧室、客厅、厨房，在你的办公室。那就是我说的践行信仰。当你在那项上给自己打分，不要凭着去过多少次教堂，因为你可能每周去一次教堂或者更多（带着宗教信仰，你可能会去得更多），因为不是看你去那里的次数，也不是看你捐献给教堂多少钱，而是你多大程度地践行信仰。人们若践行信仰不是相信信仰，任何宗教信仰都是非凡的。

让你在这一项上给自己打分，看似平庸，但是除非你与我认识的大多数人不一样，否则你需要在这个问题上反思一下。

为进步预算时间

你是如何使用你的空闲时间的？这是你真正需要检查你自己并给出诚实说明的地方。8个小时的自由时间你是如何奉献在提升你的爱好，改善你的思想，或者从（参加一个职业的或者市民的）社团中获益？

回顾：其他法则如何与此法则相互配合

明确的计划。你有一套如何花钱的预算系统吗？如果你还没有一套系统，制订一个。如果你想的话，你可以把那套系统做得灵活一些，这样你能够这周多花一点，下周少花一点补回来。

准确思考。在预算你的资源方面，有多少时间你用在了准确思考上，把思想付诸行动？记住，那条法则是关于准确地思考，做你自己的思考，利用思考的力量（无论是受控制的还是不受控制的）。你控制自己的思想了吗？或者你的思想是受控制的吗？你被生活的环境所控制了吗？还是你努力创造你能控制的环境了吗？记住你不能控制所有事物，没人能够，但是你当然能够创造一些你能够控制的环境。

你有曾想过选举的权利吗？“我想我今天不会投票，恶棍无论如何都会操控这个国家，我的一张投票不会起作用的。”你那样说过吗？还是你说过：“我有责任，我应该走进投票站投票，因为那样做是我的责任。”把一点时间放在你该做的事情上了吗？很多人没有，那就是为什么有如此多的丑恶政治家和渎职的官员。太多耿直的人没有投票。

改善各种关系。你的家庭关系是不和谐的还是和谐的？你有精心建立一种关系还是把那个法则放在了一边？有多少时间你花在了培养和改善你的家庭关系上？开始做一些改变。有时候，不得不有人让步。如果妻子不肯让步妥协，为什么你不能绅士一些呢？反之亦然。如果你的丈夫没有做一些策划，为什么你不能去做呢？为什么不做一些能使他感兴趣的事呢？我确信在你与他结婚之前，你那样做了，要不然他也不会和你结婚。为什么不重新开始建设你们的婚姻关系呢？想象一下，这对于你们的关系来说是多么有意义的事情。改善关系会回报你以平静的心神、钞票、友谊，或任何你衡量它的方式。

多付出一些。在你的工作、事业或者职业中，你有多付出一些吗？或者你喜欢你的工作吗？如果你不喜欢你的工作，找到原因。如果你有多付出，你多付出了多少？你有带着正确的思想态度去做吗？我不在意你是谁，你做了什么，如果你总是能把为每个人多付出当作你的责任，你将会拥有非常多的朋友，以至于你需要他们帮助的时候，他们就会及时出现。

我拥有的最好关系是来自课堂里的人们。我工作于此，赚钱于此，我想要做的值得。结果是他们不仅用手为我鼓掌，他们还会用心喝彩，那是令我感动的喝彩。

法则 17

宇宙习惯力法则——深谙宇宙法则，建立优良习惯

你有权富有的最后一条法则是宇宙习惯力法则，这个特别的法则呈现给我们一个悖论。一方面，希尔博士的一些学生说，这是最难理解的一条法则，另一方面，它大概是所有法则中最简单的一个。也许这个悖论就存在于一个事实中，就是宇宙习惯力量是如此的明显，它围绕并渗入到宇宙的每一件事物中：星系范围、潮起潮落、四季更迭的韵律中。正如俗语所说，它明显得容易被忽略。简单地说，整个宇宙凭借宇宙习惯力量法则维持正常秩序——通过确立的习惯。

如果宇宙是一家公司的话，那么宇宙习惯力量就是它的财务主管。那是大场景。小场景是这个法则如何影响你的。宇宙习惯力量对你如此重要，是因为你利用它来创造变成你稳定的一部分的个人习惯——习惯能够是积极的或者消极的。你必须学会宇宙习惯力量的秘密和如何运用这

种力量到你的身体和思想的行为上。力量就在这里，不论你知道与否，你每天都在用它。你如何使用它，决定了你是成功还是失败。

如果你是爱默生的一位学生，你就已经读了补偿法则的文章，你会更快地从这堂课中获取大量的知识（比起不熟悉它的人）。在过去的10年里，我读了爱默生的文章，尤其是补偿法则的那一篇。当我最终理解了他所谈论的内容，我决定重新写那篇文章，如此，人们便能在第一次读的时候就能够理解其中所言。这堂课就是对那篇文章的重写。

宇宙的控制力量

它被叫作宇宙习惯力量，因为它是所有宇宙自然法则的控制力量。正如你所知，我们有很多自然法则，显而易见它们都自动地工作。它们不为任何人而停止一刻。每一个把理解并适应这些法则当成自己事业的人，会有远大的前程；反之，将会遭遇挫败。

创造有影响力的习惯

我经常会被问及关于习惯这一主题的一些问题：我们为什么拥有习惯，我们怎么获取习惯，我们如何摆脱我们不想要的习惯。我希望能给你提供一个清晰明了的答案。一个人能够控制的唯一一件事是，他有特权建立自己的种种习惯，毁掉那些习惯，用其他人的习惯替换掉它们，改善它们，改变它们，做世界上任何他想用习惯做的事情。他有绝对的特权并且他是地球表面唯一有那个特权的生物。我反复强调过这一事实的重要性。

除了人之外的其他每一个生命体，都让它的命运固定，让它们的生活模式化，并且不能跨出那种模式半步。我们把那叫作本能。人不受本能的约束，人只受想象力和思想的意志力的约束。他能够把他的意志力和他的思想投射在他喜欢的无论什么样的事物上。他可以形成他可能需要的无论什么样的习惯，以便离他的目标更近一步。这堂课就讨论这个主题。

在成功学课程的科学里，前面课程的设计是为了使人们建立各种习惯，从而通向财务安全、健康，和平静的心神（幸福的前提）。在这堂课里，我们检验那些已建立的自然法则，它们使除了人之外的所有事物的习惯都伴随事物终生，固定不变。对于人来说，没有哪种习惯一定是永久的，因为，人类不但能建立自己的习惯，还能任意改变习惯。对自己思想绝对控制的方法是前面章节讲的“准确思考法则”。你能够利用宇宙习惯力量来建立你的思想模式，并指引它到你选择的无论什么样的目标上。

宇宙习惯力量为恒星和行星们安排好固定的运动路线，使它们不会停下或者被诱拐。想一下天空中的繁星，它们按照一个系统运动，永远不会碰撞冲突。这个系统是如此的精确，以至于天文学家能够提前数百年确定某些恒星与行星的精确的关系。全是依照一个系统进行的。如果上帝一定要站在那些星球上方看管它们的话，那么上帝会非常忙碌，他不会那样做。他有一个更好的自动运作的系统。

运用法则创造成功

如果你学会了那些法则的内涵的话，你能够调整你自己并从它们中获益。如果你没有学会，因为无知或者忽略，你将会受到它们的惩罚。大多数人没有意识到存在宇宙习惯力法则。他们有使用这个神奇的法则为生活带来繁荣、健康、成功，以及心神的平静吗？没有，相反，他们遭受贫穷、疾病、沮丧、恐惧，所有那些人们不想要的事物，因为他们把思想放在那些事物上面。宇宙习惯力法则只是拾起那些思想的习惯并使它们固定存在。那就是我出现在这里的原因，用这门哲学把它们分解驱散，也是你出现在这里的原因。

大多数人在失败时更努力工作，比我在成功时还要努力——要努力得多。当你学会了法则，就会更容易成功。成功里面有更多的快乐，除非你理解宇宙习惯力法则，否则你不会成功。开始建立会引领你去想要达到的目的地的习惯吧。所有行动和反应都是基于宇宙习惯力量的固定习惯。你有停下来思考过吗？最微小的物质颗粒都是因为被固定的习惯而存在。

控制习惯

宇宙习惯力法则把个体的思想习惯固定并使之永久。思考一下那种说法。思想不是固定的，但是一种思考习惯是自动固定的。这种说法的另一种表达是：你表达的思想将会被固定成为习惯。你不用担心这个，只要你把思想专注在你想要的事情上，变成习惯，宇宙习惯力量就会把它接管过来。个体通过重复思考一个特定的主题而创造他的思维模式。宇宙习惯力量法则接收这些模式并把它们变成永久的（除非它们被个体的意志改变）。如果我们不打破习惯的话，那是多么可怕的事情。

我看见有很多人吸烟，我开始认为他们不会打破那个习惯。当我在杂志或者报纸等公共报道中看到，由于吸烟而导致的肺癌高死亡率，我好奇人们是否能够打破吸烟的习惯。如果你执意而为，要得肺癌的话，那是你的事，我就不再多说了。但是我要给你可能会对你有帮助的小测验。如果明天早上你不能证明你的意志要强于那一小捏烟草和一片丝质纸的话，那么你需要马上开始给你的意志力上课，重新教育它。我戒烟的时候，我放下烟管，告诉妻子安妮•卢把它们拿走扔掉，因为我不再需要了。她说："我会把它们放好，直到你彻底不需要的时候。"但是我说："把它们扔掉，我不会再需要了。"习惯，如果你不能控制吸烟的习惯，那么克服其他习惯会是非常困难的，例如恐惧、贫穷，或者其他你允许你思想深思的东西。

当我有一些敌人要应对的时候，我总是先挑选最强大的那个，因为当我鞭打他的时候，剩下的其他敌人就夹着尾巴逃跑了。如果你有一些你想要打破的习惯，不要从最小的开始，任何人都能那样做，从最大的一个开始，从你最想做出改变的那个开始。

从你的提包或者口袋中拿出那包香烟，回到家的时候，把它放在食具柜里，说："希尔，你可能不知道，其实我比你更强大，我会用不再碰那包烟证明。我会让它在那里待上 40 天，49 天后，我不会再需要香烟。"我不是谈论反对烟草贸易，我在烟草公司也没有任何股份。我只是在给你一些想法，通过这些想法，你很可能开始测试你建立你想要的习惯的能力，从艰难的开始。

另一个习惯是，进行一周的禁食，就是一整周都不吃任何的食物。告诉你的胃，你是老板（它以为它是老板）。你不要自己这么做，要在医生的指导下做，因为禁食不是儿戏。控制你的胃，你会惊奇于有多少其他的事情你可以控制。

如果我们让所有的习惯掌控我们并支配我们的生活，我们到底能够在这个世界上期待怎样的成功？我们不能期待成功。除非我们形成自己长久的习惯，直到宇宙习惯力法则自动地接管它们。

健康意识习惯

现在我们来看个体应当怎样运用宇宙习惯力法则。例如，我们来看一下身体健康。个体能够通过建立习惯模式维持身体健康。如果你想要证明宇宙习惯力法则的有效性，从这里着手也许是最好的，因为我不知道人们想要的任何事情能比过一个健康强壮的、对他生活中的每个需求都做出反应的身体。没有好的身体，我不能做我做的工作，我不能写这本鼓舞人心的书，我不能做令人振奋的演讲。

你的思想是我最早运用宇宙习惯力法则的地方，为的是养成健康的身体。积极的思想促使培养健康意识。当我说健康意识，或者兴旺意识，或者任何其他种类的意识时，你明白我说的是什么吗？它是指不断意识到你想要的状况。一种健康的意识是你的主导思想去思考你的健康，不是思考疾病方面。

每个人都会跟你讲述他们有过的医疗经历。就在半年之前，我的一个好朋友在出院之后来看我。我来告诉你，他如此清晰地描述了他的手术过程，我能感觉到外科医生的手术刀就在我的后背上。我最终转过身来摸我的后背，因为就在他描述的地方，它实际上开始伤害我的后背。幸运的是，我控制住了我自己，但是，我没有让他再回来看我。

大多人都不喜欢你谈论你的疾病，你不要那样，除了摆脱疾病，而最好的摆脱疾病的方法是形成健康意识。想健康方面、说健康方面，每天在镜子里看自己一会儿并说："你是一个健康的人！"对你自己说，你会惊讶于会发生什么。

积极的思想促进健康意识的发展，宇宙习惯力量把思维模式运行到它们合乎逻辑的结论里。就像宇宙习惯力量容易地执行一个由疑病症患者的思考习惯创造的非健康意识的想象画面——个体由于恐惧，把他的思想固定在产生任何身体和精神疾病的症状上。我说的是，如果你在意疾病太长时间，大自然会真实地刺激它们去到你的身体里。

在我小时候住的弗吉尼亚州的怀斯县山区，有一位年长的妇人，过去她常常每周六下午来到我祖母家里，坐在门廊前面，整个下午都跟我们聊天，跟我们说她自己，她丈夫、她丈夫的去世原因、她的母亲为何而死、她的两个孩子的死因，等等。聊上三四个小时后，她说："我知道我会死于癌症。"她把手放在她的左胸上。我看到她那样做了好多次了。10年之后，我的父亲给我发了几份乡村报纸，我看到了一则关于沙利·安·史蒂夫阿姨的死亡声明，死于左胸腺癌。看起来是她自己把自己说到了那个结论里。那样说一点也不夸张。那只是我知道的案例中的一个。你能把自己说得真的患上头痛，也可以把自己说进一个坏脾气的状况里，你能够把自己说进任何状况里。如果你允许你的思想从负面思考你的身体的话，你能够把自己思考到任何一种疾病里去。思考，是非常重要的。

进餐时的思考习惯

在吃饭的时候（也可以在接下来的 2 到 3 个小时，当食物被分解成液体元素进入血流时）建立的思想态度和思维模式，会决定进入身体里的食物是否适合保持身体健康。实际上，你在吃饭时的思想态度变成了进入你血流中的能量的一部分。如果你不知道的话，你最好学习一下，因为确实是那样。你不能承担得起在被扰乱的时候进餐，也不能够在身体太疲惫的时候。坐下来，歇息，放松地吃。进餐应该被当成是一种宗教活动，它应该是一种宗教仪式。我早晨起床后的第一件事情是走进厨房，榨一大杯橙汁。我尊崇流下来的每一滴橙汁，我不会一口气喝下所有橙汁，我会每次喝一点，崇敬喝下的每一口。如果你认为我在开玩笑，打消那种想法，因为我在告诉你一些关于吃的非常重要的事情。如果你养成为你的食物感恩祈祷的习惯，不仅当你坐在桌子前面时，而且还在它进入你的身体里的时候，这会对保持你的身体健康起很大的作用。

关于工作的思考习惯

把你的思想态度变成工作的一个重要同盟者，一个当你从事身体活动时的安静的维修工。因此，工作应该变成一种只由积极思想围绕的宗教仪式。文明社会的一个可悲的事实是，世界上有如此少的人从事爱的劳动，就是说做他们想要做的工作，而不是因为吃、穿、住而做不想做的工作。

我希望并祈祷在我去到另一个世界之前，我能够做出对人类有价值的贡献，例如，使个体能够找到一份爱的工作，在那样的工作中谋生赚钱。如果没有某些人的存在，世界会是多么美好。不是他们有错，而是他们的习惯不好。他们错误地思考，那就是错误所在。

让他们思考好的方面，思考健康、丰富和富有，让他们思考友谊和亲情，而不是引起种族骚乱，让一个人反对另一个人，手足相残，国与国相争，思考的是战争而不是合作。

自然为世界上的每一个人，也包括动物备有充足的资源。要是有些人不试图用错误的方式获取太多并防止其他人获取足够的量就好了。坦率来讲，我不想要任何不能够与人分享的优势和利益。我不想比别人有优势，我想省下我的机会分享给他人，并用我的知识和能力来帮助他们。梅奥兄弟发现了四个必须遵守的保持健康的关键因素。就是要在工作、休闲、爱和尊崇四个方面保持必要的平衡。梅奥研究所，根据对数千人的实验发现，当这四种因素的关系失衡时，人就会几乎不可避免地患上某种形式的疾病。

接受并遵循多付出习惯的一个主要原因是，它不仅会使一个人在经济上获益，而且还会使一个人带着促进身体健康的思想态度工作。

当你出于帮助其他人的意愿，而不是出于自私的渴望，做一些为爱付出的服务时，你将会拥有更健康的身体，养成更好的健康习惯。相反，想一下有着牢骚抱怨习惯的人，在一个负面的思想状态中不情愿地工作。没有人想要跟他一起工作或者雇用他。在工作中抱怨的人，伤害的不仅是他自己，也伤害到了他周围的人。

安德鲁·卡内基先生告诉过我，在一个10万人的组织里，哪怕存在一种单一的负面思想，它都会在仅仅2到3天内，或多或少地影响到那里的每一个人。他（消极之人）甚至不用张嘴说什么，仅仅是释放影响每个人的思想。走进一个不和睦的家庭，在你迈进门槛的那一刻你就能知道。我能告诉你，当我在院子前的时候，我就知道自己是否想要进去，或者屋子里面是否安全。

我家里有一件比任何事情都令我自豪的事情。几乎一直都是这样，一个人第一次走进我家，四处看看后都会给出一番赞赏。例如，不久前，有个著名的出版商来我家看我，他走进我的卧室后说道：“多么漂亮的家啊！”他又四处看了看，大概注意到，它根本只是一个普通的家而已，没有什么特别的。然后他说：“刚才漂亮那个词，不是我想表达的那个词。”他说：“是我来这的感觉。感觉是美好的。”

这个家不断地用积极的感受装点。房子里不允许有不和谐的事物存在。即便是我们的波美拉尼亚种小狗都明白。它们会对我家的气氛做出回应，能够在一个人进入我家的那一刻，就识别出那人是否与我家的格调相和谐。活泼的斯巴克会走上前闻那个人，如果它喜欢那种和谐的气氛的话，它就会前去舔那人的手；如果它不喜欢那个人的话，它就会冲着那人叫然后回来。我从来没教过它那样做，那是它自己的主意。

家、营业场所、马路、城市，都有它们自己的感应，由那些工作和经过那里的人的主导思想构成。如果你沿着纽约第十五大道走，关键的不是你口袋里有多少钱，你若沿着那些大的、兴旺的商店，例如蒂芙尼商店，你会感受到那种拥挤，你会感觉自己也是富足的。然而，朝着另一个方向，走过大概四个街区，到地狱厨房的第八大道或者第九大道。你若在那里没有感觉到你就像教堂里的老鼠一样贫穷的话——即便你是全世界最有钱的人——我都会藐视你。

思考经济和金融利益的习惯

让我们来考虑一下使用宇宙习惯力法则给工作带来的经济和金融利益。首先，记住明确的目的。

通过把这些成功法则结合起来，一个人可以调控他的思想和身体，把对想要的财务状况的准确思考传达给宇宙习惯力量，然后这个无失败意识的自然法则自动地收集这些思想，并把思想传送到逻辑结论里。

思考能做之事的习惯

我比其他人有更多的机会近距离接触成功人士并研究成功学。我观察到成功者不断思考他们能做的事情，从来不把思想专注在他们不能做的事情上。我曾经问亨利·福特是否存在他不能做到的事情，他说："没有。我不考虑我不能做的事，我只思考我能做的事。"绝大多数人不像福特先生那样。他们思考和担心他们不能做的事。结果，他们做不成。比如，他们思考他们没有的钱，并为此担心。结果，他们没有钱，也从来没有获得过。钱是特别的事物，不是吗？钱不跟随自认为没有权利拥有它的人。我好奇那是为什么？钱是无生命的事物，我不相信是钱的错误。对，错误不在钱那里，错误存在于那个质疑自己赚钱能力的人的思想里。

我注意到，当我的学生开始相信他们能行，他们的整个经济状况就得到了改善。当他们认为自己不行时，他们就会做不到。这门哲学的整个目的是引导学生们建立对自己和自己的能力的信心。指引他们的思想到生活中他们想要的事物上，保持他们的思想远离他们不想要的事物。

如果你还不了解胜雄甘地，找一本关于他生平的书来读读，这对你来说无疑是个好主意。他没有任何对抗大英帝国的基础，除了他的思想。他没有士兵、金钱和军事装备，甚至连一条马裤也没有。然而他给大英帝国带来了考验，带着他仅有的思想武器，与他们抵抗，不接受他们，直到英国最终放弃，离开。令人惊奇的是，当你用思想对抗他们的时候，会有多少人是那么做。你不用说任何话，也不用做任何事情，你只需要在思想里说："我不想让那个人出现在我的生命中。"最后他们就会滚出去——有时还会非常快。

一旦你熟悉并开始使用精神的力量，它就会是非常强大、神奇和深刻的。精神力量是一个人控制思考习惯的媒介，直到思考习惯被宇宙习惯力量接管。我想让大家注意到一个事实是，没有首先建立兴旺意识的人不会是经济独立的，就像没有人会在建立一种健康意识之前，就可以保持身体健康的。

养成一种思考你想要事物的习惯

我清晰地记得，当我刚开始与安德鲁·卡内基先生共事时，我最大的困难是不能忘怀自己生于贫困，缺乏教育和无知。我花了很长一段时间才忘记弗吉尼亚州怀斯县那座小山上的小屋——我出生的地方。我花了很长一段时间忘记它，或者说把它从我的生命系统中拿走。当我开始采访一位成功人士的时候，我总是想："哦，好吧，我是如此的微不足道。"我想我应该是羞愧和害怕，因为我记得我从哪里来。我记得我的贫穷。很长一段时间我才摆脱贫困。但是，最终我忘记它了。

我开始在富裕方面做思考。我开始说："为什么爱迪生先生不想到见我，为什么沃纳梅克先生没有想要见我？我在自己的领域里和他们在自己的领域里一样重要。"我不仅有那种感受，而且我看见把想法实现了的一天。当你实现的时候，它是一个影响全球数百万人生活的成就。如果我没有改变拿破仑·希尔的思考习惯的话，就不会实现那个成就。我最重要的工作不是去见事务中的人争取他们的合作，那很简单。我最重要的工作是改变拿破仑·希尔的思考习惯。

要不是我改变了那些习惯，我的鼓舞了数百万人的著作就不会取得已经取得的成功，因为，当一个作家写书或者做演讲，他在书里或者演讲里的思想态度会传递给读者或者听众。没有什么能够妨碍读者接收作者的思想。在你读一本书的时候，你对于作者会有一个印象。你不可能读了一本我的书，还不知道我从事研究成功法则。你不需要任何人给你证明。在我能够写那些书之前，我一定要完全建造好思维过程和思考习惯。我要学会把思想专注在积极的事情上，并不断地保持那样。

过度思考与痴迷

你知道吗，你们每一个来到这个星球上的人，都带有一套神奇的身体诊治系统？就像一名药剂师把食物分解并特意从中提取出本能需要的物质一样，如果你正确地思考、正确地吃饭、正确地运动，你身体里的医生会自动地做所有事情。它会自然给你的身体系统分配所需要的一切事物，以保持你的身体一直在健康的状况下。但是，你一定要做好你应该做的。

过度思考负面事物

痴迷或者过度思考，如果不是在负面上的话，它会是非常棒的。这里所表现的是过度恐惧：把思想限制在不能做的事情上，恐惧批评，或者恐惧其他任何事情。如果你想利用极度思考，或者从宇宙习惯力量中获益，那么致力于对信念的痴迷。运用信念是你能够做的，因为信念知道，当你寻找你需要的事物时，你总会找到它们，如果它们没有在你认为的地方，它们就近在手边。一定要培养那种痴迷，不要因为忽略而使它离你远去。

运用重复建立习惯

如何创造一种痴迷或者思想习惯？重复。把它运用到你做的每一件事情当中，想着，说着，重复。你可能记得库埃心理法则（法国著名心理学家埃米尔·库埃的乐观暗示法），“日复一日，在每一方面，我变得更好。”这个国家数百万的人都那样说，但不会起作用，除非说的人相信它。说什么并不重要，重要的是说的时候是怎么想的。有很多人不断地说，一次又一次地重复，然后最终并没有做什么令人称赞的事。那样对我不起作用，因为我首先不相信，因此你能够理解它为什么不起作用。你用什么方式并不重要，只要你的思维模式是积极的，你就要不断地重复。

养成在积极方面思考的习惯，直到宇宙习惯力法则收集到你的思想态度，并使你的思想环境变得积极而不是消极。大多数人的思想始终都是负面事物在主导。你想要使得主导思想一直是积极的，因此，无论你想要什么，你可以开启无穷智慧的力量并获得回应。无穷智慧不会在你愤怒时为你做任何事情，无论你有多少权利愤怒。但是你若保持思想在消极的事物上，无穷智慧会不管你，随便你对自己做点什么。当你在负面的思想态度下时，你不能从任何行动、表达、人际关系中得到快乐并使他人快乐。摆脱负面思想态度的最好方法是建立积极的习惯，并让宇宙习惯力法则收集它们，使之在你的思想中占主导地位。

避免更多负面事物

避免在一些负面事物上执迷：贫穷，想象出的疾病，和日常懒惰。

知道懒人是什么样子吗？就是还没有找到爱做之事的人。没有懒人，除非那些没有找到自己喜欢的工作的人。当然了，他们中有些人是相当难取悦的，总会有不喜欢这个不喜欢那个的借口。事实上，他们不喜欢任何事情，他们是懒的。其他的负面事物还包括贪婪、愤怒、憎恨、嫉妒、不诚实、心无所向、急躁、虚荣、自负、愤世嫉俗、虐待狂，和伤害别人的意愿。如上那些负面思想能够变成多数人生活中的执迷，但是，作为这门哲学的一名学生，你不能够有那样的执迷。你承担不起，它的代价太昂贵了。

积极的思想习惯

你能够拥有一些积极的思想习惯（你承担不起没有它们）。生活中明确的主要目标排在前面，务必把它变成一种痴迷。吃喝睡都想着它。每一天，都投身于做一些为实现主要目标而努力的事情。更多的积极事物包括信念、主动性、热忱、多付出的意愿、想象力、优异的性格、准确思考，和这门哲学中所有其他个人成功的特点。

把那些积极的思想习惯转变成偏爱，如此它们主导你的思想——你靠它们生存，依它们思考、行动、与他人联系——你会惊奇于你的生活在如下这些方面会发生多么快的改变：

- 试图伤害你的人将会（依他们自己的意愿）离开。
- 你会变得非常强大并吸引机会。
- 当问题到来时你会迅速地解决。
- 你会好奇为什么你之前没有早这么做——为什么你担心问题，而不是忙碌起来解决它。

重复和行动

你会注意到每一种积极的思考习惯，都在你的控制之内——屈服于你的控制——作为重复思考的结果。你所要做的就是一遍遍地重复它，并为它付诸一些行动。

没有行动的语言是无力的。行动起来。一个人应该培养一些偏爱，但是，一个人应该留意内心想要的事物，而不是不想要的事物。大多数人得到了他们所有不想要的，很少有他们真正想要的，这不是很奇怪吗？很多人没有获得在婚姻中真正想要的伴侣（在他们得到他或她后，他们发现就是那样）。我知道很多人没有从他们的职业中获得他们想要的。

一位职业人（牙医、律师、医生或者工程师）如何使得患者或者客户愿意来找他？如何快速地获得职位和薪资的提升？答案在他们自己。换言之，结果取决于职业人自己。他对待患者或者客户的思想态度，决定了人们反过来怎样对他。不管是商人、职场人，还是任何行业的人，如果你想要改良一个人，不要从那人开始，从你自身开始。把自己的思想态度端正，你会发现别人就会向你看齐。如果你的思想态度是积极的，负面思想的人就不会对你造成影响。如果乐观的人积极地运用他的权利的话，那么他就会是消极思想的人的主人。

我们之所以是现在的我们，是因为两种形式的遗传。一个是我们能完全控制的社会遗传，另一个是我们根本不能控制的生理遗传。

生理遗传

通过生理遗传，我们继承我们所有祖先基因总量的一小部分。如果我们刚好天生就有聪明的大脑和健康的身体，那会是好事。但不幸的是，如果我们天生驼背或者有其他缺陷的话，那么我们对此无能为力。换言之，我们必须接受生理遗传所带给我们的所有特性。

我知道一个小儿麻痹症患者，由于天生的疾病而失去了双腿的正常功能，他在离白宫两个街区的地方经营一个花生摊。然而，就在白宫里面，有一个患有同样疾病的人，正在经营诺大的国家。那个人把苦难变成了财产而不是障碍。

社会遗传

社会遗传由你在出生后的所有影响构成（也许可以追溯到产前胎儿时期）。这些影响包括你听到的、看到的事情，你接受到的教育，和你阅读到的信息，以及无数的提不过来的其他事情。它们在生活中对我们有很大的影响。然而，和我们能从环境中获取的同等重要的是我们能控制多少。

重新检讨我们所相信的事情和我们有怎样的权利去相信，这对我们所有人来说都是有利的。我们的信念从何而来？我从不认可没有根据的信念，自己也不会去拥有那种信念。我没有在一夜之间到达思想开明的宽容状态。我过去常常像旁人一样偏狭，我意识到那样对我有弊而无一利，当然，对任何事情都持偏狭的思想态度，也不会为我的学生带来任何好处。

后记

这是对希尔博士这门哲学演讲的总结。为了领悟成功学的伟大贡献，了解你自己成功的巨大潜能，认真分析，一遍遍阅读。不断复习这门课程直到它们成为你的第二天性，真正成为你的一部分。

希尔博士的这份厚礼有一个历史性的特点。这些演讲类似于1954年春天在芝加哥拍的一张快照。然而，这门哲学不像照片那样处于静止状态。希尔博士的哲学是万古长青的，就像许多年前希尔创造出来时一样生动、鲜活。它会对你产生影响，就像它对数百万依靠它而活的人一样，使你从中获益。

未来也会有更多的人从中获益。你是那些人中的一位，这门哲学学生中的一名。你能够把它的能量每天运用在工作中，在你生活的每一方面都实现富有——个人层面和职业领域——那是你梦寐以求的。你已经领先一步了，因为你已经做了一些人从来都不会做的事情，在你的生活中迈了一大步。你已经开始了一个新的征程，快乐、满足和成功就在前面。祝你旅途愉快！

拿破仑·希尔
Napoleon Hill

本书的作者是享誉世界的成功学大师拿破仑·希尔（Napoleon Hill，1883—1970）。拿破仑·希尔于1883年出生在美国弗吉尼亚州阿巴拉契亚山区的小镇，13岁时成为“山间记者”。后来，希尔用当记者所挣的钱上了一所法学院，又因资金不足而中途退学。25岁时，希尔有幸被派去采访钢铁大王卡内基。卡内基很快发现了希尔身上的创造性特质，他征询希尔是否愿意从事对美国成功人士的研究工作。希尔表示同意。在以后的25年中，拿破仑·希尔访问了包括福特、罗斯福、洛克菲勒、爱迪生、贝尔等著名人士在内的500多位成功者，并进行了深入研究。

拿破仑·希尔曾担任美国总统伍德罗·威尔逊和富兰克林·德拉诺·罗斯福的顾问。截至希尔逝世的当年(1970年)，《思考致富》累计卖出了2000万册，至今已畅销6000万册。书中所述的十三步致富黄金法则鼓舞了上千万人，他被誉为“百万富翁的创造者”。

拿破仑·希尔创造性地建立了全新的成功学，被誉为现代成功学的奠基人和伟大的励志大师。